无人机应用技术专业新形态系列教材（总主编：何先定

无人机

综合监管与航路规划

（活页式）

主　编　姚慧敏　邹　翔
副主编　王　聪　雷　雨　陈世江　徐绍麟　王福成
　　　　王建奇

课程思政

活页式

新形态

课件

微课

校企合作

西南交通大学出版社
·成　都·

图书在版编目（CIP）数据

无人机综合监管与航路规划 / 姚慧敏，邹翔主编.
成都：西南交通大学出版社，2024.11. --ISBN 978-7
-5774-0086-0

Ⅰ.V279

中国国家版本馆 CIP 数据核字第 20243HM941 号

Wurenji Zonghe Jianguan yu Hanglu Guihua

无人机综合监管与航路规划

策划编辑／郭发仔

主　编／姚慧敏　邹　翔

责任编辑／宋浩田

封面设计／吴　兵

西南交通大学出版社出版发行

（四川省成都市金牛区二环路北一段 111 号西南交通大学创新大厦 21 楼　610031）
营销部电话：028-87600564　　028-87600533
网址：http://www.xnjdcbs.com
印刷：四川玖艺呈现印刷有限公司

成品尺寸　185 mm×260 mm
印张　10　字数　223 千
版次　2025 年 1 月第 1 版　　印次　2025 年 1 月第 1 次

书号　ISBN 978-7-5774-0086-0
定价　49.80 元

课件咨询电话：028-81435775

前言
PREFACE

当代科技发展浪潮汹涌，作为科技大潮浪尖上的无人机技术，在自然灾害应急监测、生态环境遥感、农林植保、电力与管网巡查、国土资源规划、国防与国家安全应用等方面发挥着重要的作用，无人机应用相关技术产业是当前也是后信息化时代最活跃的应用创新领域之一。随着无人机行业的快速发展，政府监管的要求越来越高，难度越来越大，相继推出了不同层级的法律法规及政策文件，各地针对低空经济、低空空域纷纷启动了规划和试点工作。相关专业的学生作为无人机行业未来的从业者，需要了解无人机监管的体系及相关要求，为将来依法依规从事无人机相关工作，奠定良好的基础。

本书按照无人机产品生命周期的逻辑，分为六大情境，分别是无人机法律法规体系有哪些、无人机生产制造如何监管、无人机如何适航监理、无人机运营企业如何监管、无人机如何进行技术监管以及无人机航路该如何监管。第一情境从有哪些无人机法律法规体系出发，从总体上对民航以及无人机法律法规体系进行了介绍，起到概括总览的作用。后面几个情境则按照无人机产品生命周期的顺序，从生产制造到适航取证，从企业运营再到技术监管航路飞行，重点落实到监管两个字。

全书按照情境项目任务的体例进行内容安排，根据课程目标及学生特点，每一情境下面划分为两个项目，每个项目下面按照行动导向教学方法，又分为 2~3 个可实施的任务，增强学生的参与感，尽量避免全部讲授式的授课方法。任务涵盖了相关知识和实施方案，内容丰富，案例充实，具有较好的教学指导效果。

本书编写团队既有高职教学经验丰富的资深教师，也有无人机监管适航领域的专家学者，希望能够将高职教学需要和行业前沿发展有机地结合起来，呈现出一本与时俱进、难度适中、具有显著教学特点的高职教材。本书具体编写分工如下：姚慧敏负责学习情境一、四、五的编写，王聪负责学习情境二、三的编写，邹翔负责提供专业咨询以及内容资料的提供和整理，雷雨负责学习情境六的编写。

　　教材在编写过程中，得到了学校同行和企业同仁的许多帮助，在此对中国民航飞行学院四川省通用航空器维修工程技术研究中心老师们的支持表示感谢，对民航二所和成都纵横自动化技术有限公司的行业专家表示感谢。

　　鉴于目前市面上关于无人机监管的教材非常少，无人机监管也是刚刚起步，我们及时组织团队编写这本教材，旨在快速满足相应的市场需求，但由于很多无人机监管的相关规范还在确立中，有些内容发展变化较快，因此后续教材也会及时更新，使用期间读者若发现有不足之处，敬请谅解，并多提宝贵意见，其他的疏漏之处也恳请专家和读者批评指正。

编　者

2024 年 1 月

目 录
CONTENTS

学习情境一　无人机法律法规

教学目标

知识目标

1. 了解无人机产业链的概念及划分方式。

2. 了解课程结构及考核要求。

3. 了解无人机法律法规体系及不同层次法规文件的名称及管辖范围。

4. 了解无人机行业重点法律法规内容。

能力目标

1. 能够绘制简易无人机产业链图表。

2. 能够阐释无人机法律法规体系及不同层次法规文件的名称及管辖范围。

3. 能够结合案例解释无人机行业重点法律法规的内涵。

素质目标

1. 学习并领会"新发展格局"的内涵。

2. 形成遵守法律法规、循章依规办事的意识。

授课建议

教学结构

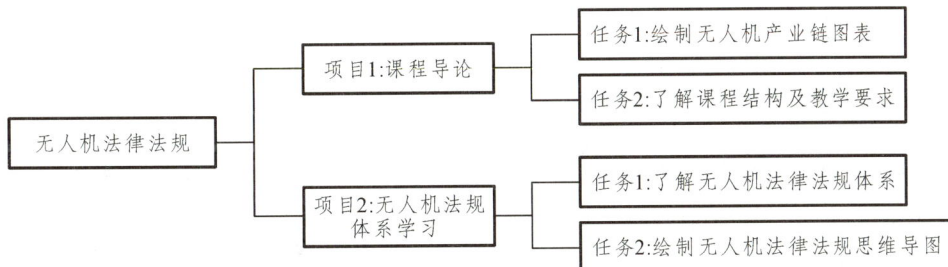

授课课时

项目 1 建议 2 课时，项目 2 建议 4 课时。

项目 1　课程导论

在开展本课程学习之前，同学们应该已经学习了"无人机系统概论""无人机结构与系统"等专业基础或专业核心课程，对于无人机发展、无人机概念及相关术语有了深入的学习和了解，本门课程将带领大家学习无人机综合监管以及低空空域规划相关知识。本课程按照无人机产品周期的监管逻辑，分为六个情境，分别是"学习情境一　无人机法律法规""学习情境二　无人机生产制造如何监管""学习情境三　无人机如何适航监理""学习情境四　无人机运营企业如何监管""学习情境五　无人机运行如何技术监管""学习情境六　无人机航路如何监管。通过问题式情境，搭建课程结构，通过任务式设计，创建行动导向教学课堂。

本项目作为课程的第一部分内容，主要起到课程导论的作用，帮助大家熟悉课程发展背景，了解课程学习要求。本项目分为 2 个学习任务，分别是"任务 1　绘制无人机产业链图表"和"任务 2　了解课程结构及教学要求"。

任务 1　绘制无人机产业链图表

【任务相关知识】

一、无人机成为新的经济增长点

无人机是新一代电子信息技术与航空工业技术深度融合的产物，是全球战略性新兴科技的热门发展方向之一。作为航空产业中冉冉升起的新星，无人机产业不仅在社会生产生活中发挥越来越重要的作用，更成为了新的经济增长点。

"十三五"以来，无人机从军用到民用、从工业到消费，得到极为广泛的应用，众多产业通过"无人机+"增值赋能，实现了产业升级换代。四川、广东、湖南、海南、陕西、江苏、上海等众多地区均在产业规划中将无人机产业定性为着力打造的极具发展潜力的优势产业。在百年未有之大变局的背景下，无人机装备对部队战斗力生成，提升国家安全的作用更加突出。

"十四五"规划中指出未来国家战略性科学计划将瞄准人工智能、量子信息、集成电路、空天科技等前沿领域，实施一批具有前瞻性、战略性的国家重大科技项目。无人机行业作为具有重大战略意义的行业，未来将向自主控制、高生存力、高可靠性、互联互通操作等方向发展。未来，无人机需求将从产品性能需求向以任务作业与服务能力为核心的需求转变；无人机任务与作业领域将向多样化、专业化方向发展；民用无人机将从消费工业应用向无人机运输拓展；无人机平台将向长航时大中型化和微小型使用灵活化两极发展。无人机产业规模化发展已势不可挡，未来我们的生活中将出现越来越多的无人机。

无人机产业也将进一步细分，无人机产业服务体系将围绕如下 10 个领域进行系统建构：围绕无人机系统与任务载荷制造的研发生产、试验试飞服务；基于风险管理的无人机设计/生产函的适航服务；围绕无人机系统运营商的运营服务；基于安全与适航的维护维修保障服务；面向运营与作业的机场、空域、气象、航路服务；面向无人机物流与运输的航线航路服务；基于安全与风险的综合监管服务；面向行业应用作业的飞行作业服务；无人机应用信息与数据处理服务；支撑无人机全产业链的人才培养与培训服务。

二、无人机产业链的形成

产业链是产业经济学中的一个概念，是各个产业部门之间基于一定的技术经济关联，并依据特定的逻辑关系和时空布局关系客观形成的链条式关联关系形态。培育发展战略性新兴产业是推进中国供给侧结构性改革、实现经济高质量发展的重要途径。党的十九届五中全会将"提升产业链供应链现代化水平"作为加快发展现代产业体系，推动经济体系优化升级的重点任务。习近平总书记也指出："要紧扣产业链供应链部署创新链，不断提升科技支撑能力。"

无人机品类多样，应用场景丰富。无人机按照平台构型可分为固定翼无人机、旋翼无人机、无人直升机等；按大小可以分为微型、小型、中型、大型无人机；按用途可分为军用无人机和民用无人机，军用无人机包括侦察无人机、诱饵无人机、电子对抗无人机、通信中继无人机、无人战斗机、加油无人机、反辐射无人机、靶机等。从全球市场看，当前军用无人机占据无人机市场的主体。

民用无人机主要应用在工业、农业、商业、公共事业和个人消费五个领域，按照功能应用分类，可分为消费级无人机和工业级无人机。消费级无人机搭载着相机、摄像头等拍摄设备，具有较强的娱乐属性，是一种新型消费电子产品和智能硬件。相比于消费级无人机，工业级无人机具有较强的功能性，能够辅助政府、企业工作人员进行巡检、监控、测绘勘测等多种类型的日常作业，主要应用领域包括农林植保、巡检、警用安防等。

飞控和载荷是无人机系统核心。无人机为了高效完成任务，除了飞行平台和任务设备外，还需要地面控制设备、数据通信设备以及起降回收装置等进行辅助，典型的无人机系统由飞行平台、动力装置、航电系统、任务载荷系统、地面系统、综合保障系统等子系统组成。

我国无人机产业链上游主要为核心零部件及原材料的生产环节。核心零件包括主控芯片、传感器、电池、电机、雷达、陀螺仪、摄像机、发动机、电调、遥控器接收器、机体结构件、复合材料、飞控系统、导航系统、图传系统、通信系统等；原材料主要包括金属材料和复合材料两大类，金属材料包括钢材、镁铝合金、铝合金等，复合材料包括树脂基、陶瓷基、金属基等。

中游为整机制造，包括军用无人机和民用无人机，民用无人机主要包括消费级无人机和工业级无人机；中游无人机整机制造包括飞行系统、地面系统、任务载荷系统三个方面的内容，飞行系统包含动力系统、导航系统、飞控系统、通信系统和机体制造等，是无人机完成起飞、空中飞行、执行任务和返场回收等整个飞行过程的核心系统。动力系统包括电池、电机、电调等，机体结构件包括起落架、机翼、机身、螺旋桨等。任务载荷系统包括相机、雷达、传感器、图传系统、云台等。

下游为应用领域，包括国防安保、农林植保、航空拍摄、物流运输、城市规划、环境监测、巡检应急等。

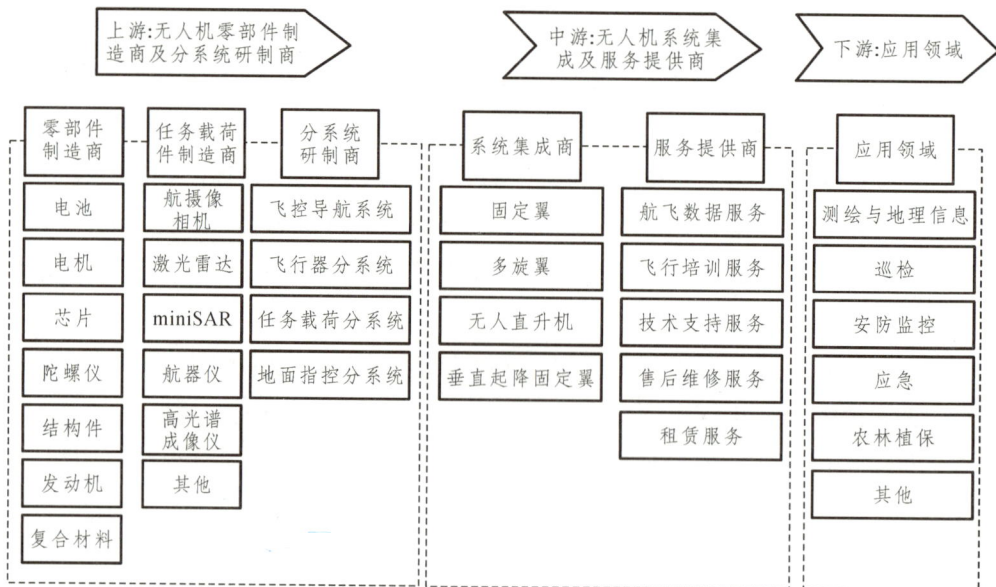

图 1-1-1　无人机产业链上中下游组成

中国无人机产业链代表性企业分布在广东、江苏、北京、上海等地区，广东的无人机产业链代表性企业聚集程度最高。

中国无人机产业的生产企业较少，但行业市场集中度较高。众多无人机制造商中，深圳市大疆创新科技有限公司的无人机研发、制造实力最强，是中国无人机产业的龙头企业。

此外，在细分行业中，广州的极飞科技在农业无人机领域表现较为突出。无人机制造实力强劲的企业还包括零度智控、极翼、易瓦特、航天彩虹、北方导航、亿嘉和、晨曦航空、中海达、纵横股份、星图智控等。

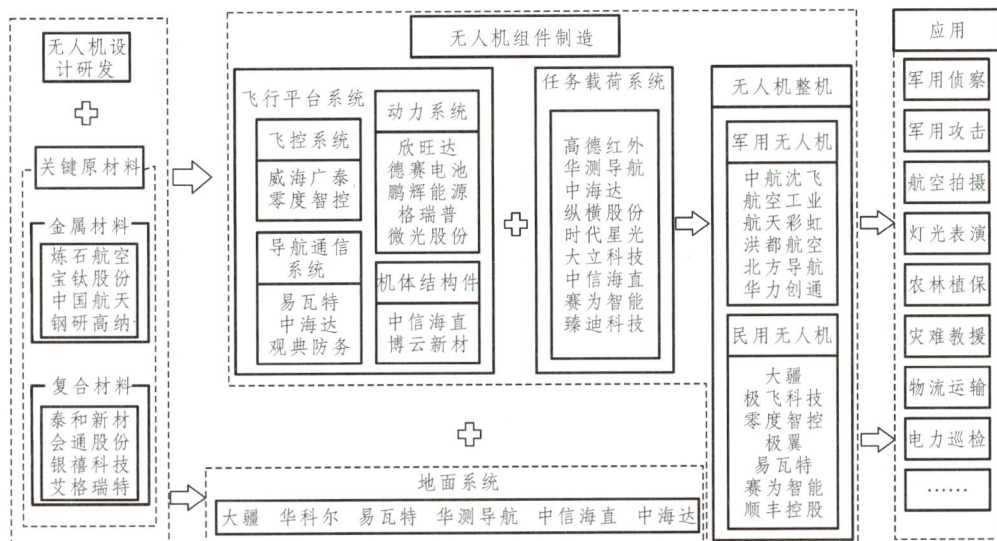

图 1-1-2　无人机产业链重点企业

三、无人机产业链的深度分析

随着中国民用无人机规模的逐步壮大，发展问题也逐步显现，主要体现在以下三个方面：

问题一：产业体系优势未充分释放，产业配套服务体系尚不健全。无人机是多学科交叉、技术密集的高科技领域，涉及航空装备、电子信息、5G 通信、人工智能以及大数据等多个领域，随着无人机产业规模的逐渐壮大，产业生态建设层面的问题也日益突出。具体表现如下：

（1）问题一：一是我国产业体系优势尚未得到充分释放，未能充分调动传感器、电子元器件、航空机载设备、地面设备、人工智能、大数据等产业主体积极性，使之难以融入无人机产业链，造成如整机产品集成成本高、任务载荷研制滞后以及无人机反制装备重视程度不足等系列问题；二是无人机产业配套服务体系尚不健全，虽然我国已投入使用专业化无人机系统试验测试公共服务平台[靖边通用机场（无人机试验测试中心）]，但仍缺少面向科技创新、产业链供应链资源整合的专业化公共服务平台以及国家级创新载体。

（2）问题二：优质企业梯度培育格局还未形成，自主创新能力尚待加强。2021 年，我国共有无人机相关企业 1.27 万家，企业发展质量参差不齐，具体表现在：一是优质企业梯度培育格局尚未形成，目前我国无人机产业拥有单项冠军企业 2 家，专精特新"小巨人"企业 10 家，创新型企业、优质企业数量偏少；二是企业自主创新能力尚待提升，围绕综合控制芯片、专用机载传感器、作动器、动力电池、碳纤维复合材料等基础零部件、基础电子元器件、基础材料发展滞后。同时，多旋翼无人机产品同质化现象突出，而垂直起降固定翼无人机和固定翼无人机产品及市场应用尚未充分拓展。

（3）问题三：法律法规体系仍不健全，行业监管能力尚需提升。问题主要体现在两个方面：一是顶层设计的缺失与飞行需求的日益增长不相适应，顶层立法尚未完成，行业部门管理存在多头管理，相互交错等问题。多种类无人机的差异化管理方式尚不明确，相关空域的精细化管理仍待完善；二是监管手段和能力建设的滞后与无人机飞行器数量日渐增长不相适应，在使用电子围栏、监管平台等监管手段方面尚待完善，现行适航审定、运营审定监管方式在一定程度上不适应民用无人机的运营发展。

四、中国无人机产业发展趋势展望

无人机系统信息安全将成为用户关注的新性能。无人机系统信息安全是指针对无人机搭载的信息系统所建立的安全保护，主要包括保护系统硬件、软件以及通信过程中的数据准确性、完整性和保密性。近年来，无人机遭遇恶意干扰导致信息传输中断的情况频发，信息安全已成为用户关注的重点。未来，随着无人机在各类专业场景的深入应用，无人机在工作运行当中将愈发频繁地参与到用户的生产经营活动或警方的执法活动当中，相关数据和信息的安全性将变得极为重要，无人机的信息安全水平将成为用户关注的"新性能。"

无人机在安防市场或将成为快速扩张的新赛道。从工业级无人机应用场景看，农林植保仍然是最大应用市场，但随着工业级无人机在安防、电力巡检等领域的不断拓展，相关领域也逐步成为未来市场的主要增量空间。尤其是在安防领域，工业级无人机探索出如消防、巡查、活动安保、山林防护、景区管理等众多细分应用场景，同时专业化的警用无人机队伍也逐步壮大，未来市场潜力巨大。

无人机动力系统或将成为突破应用瓶颈的新焦点。无人机动力系统是保障飞行稳定性、飞行时长以及各类功能载荷可搭载空间和重量的核心影响因素。当前，无人机飞行平台对飞行重量、飞行时长均较为敏感，针对部分行业应用领域，在执行工作任务时需根据任务载荷重量制订工作计划，一定程度上制约了工作最优路径和最大效率的实施。同时，随着新一代信息技术与无人机更加深度地融合，无人机或将从数据采集端转变为数据采集+处理载体，这一改变或将对动力系统的电能供应能力和无人机的载荷能力提出进一步的要求。更大的任务载荷搭载能力和更丰富的电能供应能力均对无人机动力系统提出了更高的要求，未来其或将成为突破应用瓶颈的新焦点。

无人机+系统方案或将成为多场景应用的新体验。以无人机+系统解决方案在多类应用场景应用或将成为满足用户综合需求的新体验。如充分发挥对农业应用场景的理解，通过农业无人机+无人车等硬件装备完成撒肥、播种、施药等任务，通过遥感无人机、农业物联网设备和智能农业系统完成农田监测和统计分析任务，建立农业无人机、农业无人车、农业物联网设备和智慧农业系统等在内的一整套系统解决方案。另外，在消费领域，比亚迪于2020年成立了无人机公司，汽车与无人机的消费模式正在孕育，未来智能网联车、无人机、无人艇等多类产品的问世会带来新的消费体验。

案例链接1：大疆崛起，构建无人机产业链的里程碑

深圳市大疆创新科技有限公司（DJI），始创于2006年，由汪滔等在深圳创立。最初，大疆的业务集中在飞行控制系统的研发上，这是无人机核心技术的关键组成部分。随着技术的成熟和市场需求的不断扩大，大疆逐渐将其业务扩展为完整的无人机系统，并很快在全球范围内崭露头角。

大疆的发展可谓迅速且颇具战略性。从专注于专业市场的高端产品，到逐步进入更广阔的消费级市场，公司不断通过技术创新和市场洞察巩固和扩展其业务。如今，大疆不仅是全球最大的民用无人机制造商，还在多个领域，如农业、测绘、影视制作等，推出了一系列创新解决方案，截至2022年，在消费级无人机市场，大疆是绝对的引领者，市场份额达到了80%。

【评价标准】

1. 无人机产业链表格制作规范美观。
2. 上中下游细分组成及企业数量充实、内容完整。
3. 小组汇报资料准备充分、表达流畅，小组合作程度高。
4. 突出特色及设计感。

任务 2　了解课程结构及教学要求

【任务相关知识】

1. 课程基本情况

"无人机综合监管和航路规划"是无人机应用技术专业第四学期开设的一门专业核心课程，旨在帮助学生了解无人机监管及航路规划的相关基础知识，对无人机监管体系及航路规划基本规范有较为全面的了解，能够与实际工作结合起来。

课程按照无人机产品周期的监管逻辑，分为六个情境，分别是情境一无人机法律法规有哪些、情境二无人机如何生产制造、情境三无人机如何适航管理、情境四无人机企业如何持证上岗、情境五无人机运行如何监管、情境六无人机如何航路飞行。通过问题式情境，搭建课程结构，通过任务式设计，创建行动导向教学课堂。

2. 课程教学目标

（1）知识目标。

了解无人机产业发展现状及现行法律法规政策文件；了解无人机生产制造规范要求及企业机型相关知识；了解无人机适航管理相关法规政策；了解无人机运营企业监管要求及人员岗位相关知识；了解无人机技术监管方法及应用案例；了解无人机低空航路规划及空域管理基本知识。

（2）能力目标。

能够绘制无人机产业链图表并进行阐述；能够分层次阐述无人机法律法规政策体系；

能够阐述无人机生产制造规范要求并能介绍重点无人机企业及机型；能够阐述无人机适航管理的模式及审定要求；能够列举介绍常见无人机运营企业并掌握运营企业监管要求；能够阐述无人机技术监管手段并解释分析相关案例；能够阐述空域管理相关知识及无人机低空航路规划实施情况。

（3）素质目标。

建立全局观念及统筹意识；培养依法遵章的法律意识；建立遵守规章制度服从管理的意识；深刻领悟技术在现代社会综合管理中的运用；培养精益求精的工匠精神；掌握理论联系实际、明确高效的学习方法。

3. 课程结构

如前所述，课程分为六大情境，在每个情境下面都设置了学习任务，通过任务实施的方式，增加教师与学生的互动，提高学生参与度。让学生通过"独立地获取信息、独立地制定计划、独立地实施计划、独立地评估计划"，在实践中掌握职业技能，习得专业知识，从而构建属于自己的经验和知识体系。

4. 课程考核要求

授课教师可根据专业课程情况自行设置，编者授课时的课程考核要求如下，仅供参考：

课程评价采用平时成绩与期末成绩相结合的方式，平时成绩主要评价学生的课堂出勤、课堂表现及作业完成情况，占总评的比例为50%，期末考核主要通过笔试加考试的方式，占总评比例为50%。

【任务实施】

抽点几个同学回答课程学习相关问题，查看大家是否识记。

根据掌握情况，对学生有疑问的地方进行强调和讲解。

【课后习题】

1. 无人机产业链上中下游分别指的是什么？
2. 成都市无人机产业链的发展现状是怎样的？
3. 本门课的课程结构是如何安排的？

项目 2 无人机法规体系学习

2023 年 5 月 31 日，国务院和中央军委发布《无人驾驶航空器飞行管理暂行条例》，于 2024 年 1 月 1 日起正式实施。

2024 年 1 月 3 日，交通运输部发布《民用无人驾驶航空器运行安全管理规则》（简称 92 部规章），自发布之日起实施。

至此，无人机行业重要的两部法规均已颁布实施，无人机法规体系基本形成。除了这两部法规之外，无人机行业还有许多适用的法律规章政策文件，涵盖无人机整个产品生命周期，从生产制造、适航管理、企业许可、人员资质到技术监管、航路运行。本项目就带领大家了解无人机法规体系，同时结合案例重点学习《无人驾驶航空器飞行管理暂行条例》及其他规章文件的重点内容。

任务 1 了解无人机法律法规体系

【任务相关知识】

一、民航法律法规体系

我国民用航空相关的法律法规经过几十年发展，已形成法律、行政法规和民航规章三个层次，外加各种管理程序、咨询通告、管理文件、工作手册和信息通告等规范性文件的多层次体系。

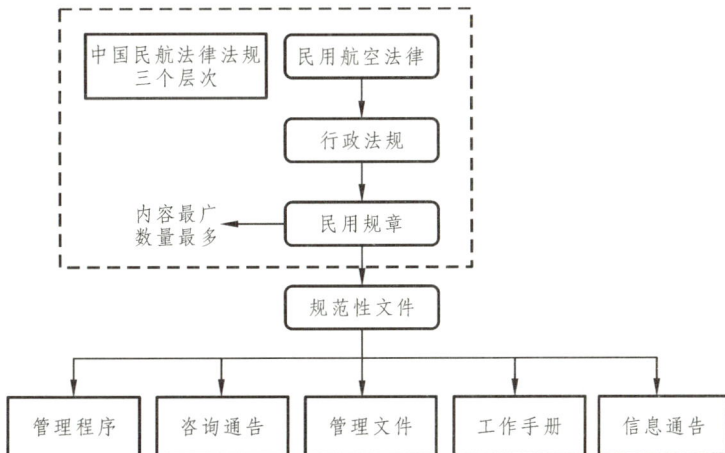

图 1-2-1 民航法律法规体系

1. 《中华人民共和国民用航空法》

《中华人民共和国民用航空法》是我国民航法律体系的第一层次，属于国家法律，是我国民用航空法律法规体系的龙头，是制定民航行政法规和民航规章的依据。

《中华人民共和国民用航空法》旨在维护国家的领空主权和民用航空权利，保障民用航空活动安全和有秩序地进行，保护民用航空活动当事人各方的合法权益，促进民用航空事业的发展。该法由第八届全国人民代表大会常务委员会第十六次会议 1995 年 10 月 30 日审议通过，并由国家主席签署主席令发布，自 1996 年 3 月 1 日起实施。当前版本为 2017 年 11 月 4 日第十二届全国人民代表大会常务委员会第三十次会议修正的版本。

《中华人民共和国民用航空法》共分为 16 章，214 条。

```
第一章  总  则(1~4条)
第二章  民用航空器国籍(5~9条)
第三章  民用航空器权利(10~33条)
第四章  民用航空器适航管理(34~38条)
第五章  航空人员(39~52条)
第六章  民用机场(53~69条)
第七章  空中航行(70~90条)
第八章  公共航空运输企业(91~105条)
第九章  公共航空运输(106~144条)
第十章  通用航空(145~150条)
第十一章  搜寻援救和事故调查(151~156条)
第十二章  对地面第三人损害的赔偿责任(157~172条)
第十三章  对外国民用航空器的特别规定(173~183条)
第十四章  涉外关系的法律适用(184~190条)
第十五章  法律责任(191~212条)
第十六章  附则(213~214条)
```

图 1-2-2　《中华人民共和国民用航空法》章节内容

2. 行政法规

行政法规是我国民航法律法规体系的第二层次，是国务院根据宪法和法律，按照《行政法规制定程序条例》的规定而制定的法规。行政法规由国务院总理签署国务院令或授权中国民用航空局发布，它的效力次于法律，高于民航规章和地方性法规。

表 1-2-1　部分行政法规节选

行政法规名称	文号	发布日期	实施日期
外国民用航空器飞行管理规则	—	1979.02.23	1979.02.23
国务院关于保障民用航空安全的通告	—	1982.12.01	1982.12.01
国务院、中央军委关于使用飞机执行各项专业任务的规定	—	1984.12.24	1984.12.24
国务院关于通用航空管理的暂行规定	国发〔1986〕2号	1986.01.08	1986.01.08
中华人民共和国民用航空器适航管理条例	—	1987.05.04	1987.06.01
民用航空运输不定期飞行管理暂行规定	国务院令第29号	1989.03.02	1989.03.02
中华人民共和国搜寻援救民用航空器规定	民航局令第29号	1992.12.08	1992.12.08

续表

行政法规名称	文号	发布日期	实施日期
中华人民共和国民用航空安全保卫条例	国务院令第 201 号	1996.07.06	1996.07.06
中华人民共和国民用航空器国籍登记条例	国务院令第 232 号	1997.10.21	1997.10.21
中华人民共和国民用航空器权利登记条例	国务院令第 233 号	1997.10.21	1997.10.21
中华人民共和国飞行基本规则	国务院令第 312 号	2000.07.24	2001.08.01
通用航空飞行管制条例	国务院、中央军委令第 371 号	2003.01.10	2003.05.01
国内航空运输承运人赔偿责任限额规定	—	—	2006.03.28
民用机场管理条例	国务院令第 553 号	2009.04.01	2009.07.01
国务院关于废止和修改部分行政法规的决定	国务院令第 588 号	2011.01.08	2011.01.08
国务院关于修改部分行政法规的决定	国务院令第 653 号	2014.07.29	2014.07.29

3. 民航规章

民航规章全称为中国民用航空规章（China Civil Aviation Regulations， CCAR），是我国民航法律体系的第三层次。民航规章由中国民用航空局通过，由中国民航局局长以民航局令的形式发布。

民航规章的部号编码形式为：CCAR-XXX-RX。其中 CCAR 为民航规章的英文缩写，XXX 代表规章部号编码，RX 代表版本号。

目前我国民航规章内容最广、数量最多，共分为 15 类、400 部。

表 1-2-2　部分民航规章内容节选

序号	类别名	CCAR 部号
1	行政程序规则	CCAR1—20 部
2	航空器	CCAR21—59 部
3	航空人员	CCAR60—70 部
4	空域、导航设施、空中交通规则和一般运行规则	CCAR71—120 部
5	民用航空企业合格审定及运输	CCAR121—139 部
6	学校、非航空人员及其他单位的合格审定及运行	CCAR140—149 部
7	民用机场建设和管理	CCAR150—179 部
8	委任代表规则	CCAR180—189 部
9	航空保险	CCAR190—199 部
10	综合调控规划	CCAR201—250 部
11	航空基金	CCAR251—270 部
12	航空运输规则	CCAR271—325 部
13	航空保安	CCAR326—355 部
14	科技和计量标准	CCAR356—390 部
15	航空器搜寻救援和事故调查	CCAR391—400 部

比如 CCAR-61 部《民用航空器驾驶员合格审定规则》，这部法规主要是规定飞行员资质问题。CCAR-91 部《一般运行和飞行规则》，这部法规主要是规范航空器的一般运行。CCAR-121 部《大型飞机公共航空运输承运人运行合格审定规则》，这部法规主要是规范大众所熟知的公共运输航空的运行。CCAR-135 部《小型商业运输和空中游览运营人运行合格审定》，这部法规主要是对小型商业运输和空中游览运营人进行运行合格审定和持续监督管理。

4. 规范性文件

规范性文件，曾经作为民用航空法规体系的一个层次，现已明确不在法律范畴之内，不向法庭提供，但必须遵守法律、行政法规和民航规章的规定，不得与其冲突。

规范性文件包括管理程序、咨询通告、管理文件、工作手册和信息通告等。

（1）管理程序。

管理程序（Aviation Procedure，AP），文件编号通常以 AP 开头，是指有关民用航空规章的实施办法或具体管理程序，是民航行政机关工作人员从事管理工作和法人、其他经济组织或者个人从事民用航空活动时应当遵守的行为规则。

（2）咨询通告。

咨询通告（Advisory Circular，AC），文件编号通常以 AC 开头，是指对民用航空规章条文所作的具体阐述。

（3）管理文件。

管理文件（Management Document，MD），文件编号通常以 MD 开头，是指民用航空管理工作的重要事项的通知、决定或政策说明。

（4）工作手册。

工作手册（Working Manual，WM），文件编号通常以 WM 开头，是指用于规范和指导民航行政机关工作人员的具体行为的文件。

（5）信息通告。

信息通告（Information Bulletin，IB），文件编号通常以 IB 开头，是指用于反映民用航空活动中出现的新情况以及国内外有关民航技术上存在的信息问题和进行通报的文件。

二、无人机法律法规体系

（一）民航相关法律法规

无人机在民用领域也属于民航管辖范围，因此民航相关法律法规对民用无人机也具有约束力。如《中华人民共和国民用航空法》《中华人民共和国飞行基本规则》《中华人民共和国无线电管理条例》《通用航空飞行管制条例》《民用机场管理条例》《民用航空空中交通管理规则》等，无人机在运行时都要遵守相关规定。

（二）无人机法律法规

我国专门针对无人机的法律目前暂时空白。

1. 法规层面

《无人驾驶航空器飞行管理暂行条例》于 2024 年 1 月 1 日起施行。

该法规是国家层面无人机产业法律法规零的突破,是我国无人驾驶航空器领域的首部专门行政法规。《无人驾驶航空器飞行管理暂行条例》直面无人驾驶航空器产业"九龙治水""空域使用""低慢小管控""新技术监管"等难题,全面推进制度创新,以飞行管理为中心,建立了我国无人驾驶航空器安全管理的制度框架,为无人驾驶航空器产业的健康有序发展奠定法治基础。

《无人驾驶航空器飞行管理暂行条例》(简称《条例》)的意义如下:

完善顶层设计,强化协同监管。无人驾驶航空器产业链长、应用领域广,同时具备生产工具和消费品特征,其制造、销售与使用事关航空安全、公共安全、国家安全和公众利益。《条例》确立了国家空中交通管理机构统一领导全国无人驾驶航空器飞行管理工作,国务院相关部门、县级以上各级地方人民政府及其部门、各级空中交通管理机构按照职责分工负责的管理体制。针对无人驾驶航空器设计生产、适航与质量管理、实名登记、资质管理、空域和飞行活动管理、应急处置、违规飞行处置等重点环节,《条例》作出统一规定,构建制度闭环,形成覆盖无人驾驶航空器全类别、全生命周期、全产业链条、全管理要素的管理制度。《条例》授权国家空中交通管理领导机构统筹建设无人驾驶航空器一体化综合监管服务平台,各有关部门单位按照职责分工采集生产、登记、使用信息,依托平台实现数据共享、保障信息安全,"立柱""拆墙""补洞",减少重复工作、降低行政相对成本。

创新管理思路,释放空域资源。空域是国家重要资源,《条例》明确无人驾驶航空器管制空域的划设主体、划设原则、划设范围与公布方式,借鉴"负面清单"思路,将管制空域以外的空域统一界定为微型、轻型、小型无人驾驶航空器的适飞空域。深圳、海南等地的试点经验表明,适飞空域划设将显著增加无人驾驶航空器所需空域资源的供给。

简化空管程序,提高运行效率。放开可放的,基础是管住该管的,《条例》建立了覆盖无人驾驶航空器飞行全流程的远程身份识别、飞行动态数据上传、通信联络和服从空中交通管理等规范,明确规定组织无人驾驶航空器飞行活动的单位或者个人应当满足的运行识别、飞行活动行为规范、避让规则以及禁止行为条款,建立监督举报、违规飞行处置规则,制定了针对违法改装、违反飞行规范等违法行为的处罚规定。

实施分类管理,释放改革红利。《条例》统筹发展和安全,根据无人驾驶航空器重量、平飞速度、可控程度确定运行风险等级,将无人驾驶航空器分为微型、轻型、小型、中型、大型五类,明确标准、分类施策。在适航管理上,微型、轻型、小型民用无人驾驶航空器系统的设计、生产、维修以及组装、拼装无须取得适航许可。在飞行活动审批上,微型、轻型、小型无人驾驶航空器在适飞空域的飞行无须提出飞行活动申请;微型、轻型无人驾驶航空器在适飞空域融合飞行无需经空中交通管理机构批准,也无须取得特殊通用航空飞行任务批准。在运营合格证核发方面,使用民用无人驾驶航空器从事飞行活动的单位,取得民用无人驾驶航空器运营合格证后从事通用航空业务，无须取得通用航空经营许可证与运行合格证。在操控员管理上，操控微型、轻型民用无人驾驶航空器飞行无须取得操控员执照。针对风险可控的农用无人驾驶航空器飞行，《条例》在操控人员管理、飞行活动申请、融合飞行、运营单位资质方面定向降低相关限制性要求。在无线电管理、操控员民事行为能力要求、强制保险等方面，依据无人驾驶航空器类型区别规范。

拓宽监管手段，提升治理效能。无人驾驶航空器是新一代的航空载具，具备机械简单、数据丰富、智能化潜力足的特征。《条例》在无人驾驶航空器生产、登记、使用环节，引入唯一产品识别码、识别信息自动报送、数据共享等数字化监管手段。《条例》要求从事民用无人驾驶航空器设计、生产、使用活动，应当符合国家有关实名登记激活、飞行区域限制、应急处置、网络信息安全等规定，用技术手段解决了民用无人驾驶航空器实名登记的覆盖难题。《条例》要求，除微型以外的无人驾驶航空器在飞行过程中向无人驾驶航空器一体化综合监管服务平台报送识别信息，微型、轻型、小型无人驾驶航空器在飞行过程中应当广播式自动发送识别信息，实现无人驾驶航空器飞行过程的可追溯与全覆盖。

2. 规章层面

2024 年 1 月 3 日，交通运输部颁布了《民用无人驾驶航空器运行安全管理规则》（简称 92 部），这部规章及时衔接了 2024 年 1 月 1 日起施行的《无人驾驶航空器飞行管理暂行条例》相关制度安排，确保在民用无人驾驶航空器的适航管理、人员资质、登记管理、飞行活动等管理链条上形成"闭环"，有必要出台专门的配套规章，全面规范民用无人驾驶航空器的运行安全管理工作，切实保障安全。

《民用无人驾驶航空器运行安全管理规则》（简称 92 部）适用于民航局和民航地区管理局对民用无人驾驶航空器的运行安全管理。在中华人民共和国境内从事民用无人驾驶航空器运行以及有关活动应当遵守本规则。该规章明确了无人驾驶航空器操控员和安全操控要求、登记、空中交通、运行与经营等管理要求，按照面向运行场景、基于运行风险、分级分类管理的原则，将民用无人驾驶航空器运行划分为开放类、特定类和审定类，根据重量和载人数量，将中、大型民用无人驾驶航空器系统类型划分为正常类、运输类和限用类，确定构建以无人驾驶航空器运行管理平台为核心的监管支撑系统。

3. 标准层面

国家标准化管理委员会、工业和信息化部、科技部、公安部、农业农村部、国家体育总局、国家能源局和中国民用航空局等八部门联合发布了《无人驾驶航空器系统标准体系建设指南 V1.0》。无人机标准体系建设能引领和规范行业的发展，也将进一步提高无人机的监管水平。

《无人驾驶航空器系统标准体系建设指南 V1.0》（简称《体系构建指南 V1.0》）的解读如下。

为了与民航现有管理体系相衔接，《体系构建指南V1.0》通过"初始适航""运行"和"经营"三个方面分块结构，如图1-2-3所示。

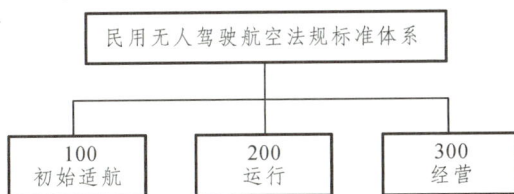

民用无人驾驶航空法规标准体系

| 100 初始适航 | 200 运行 | 300 经营 |

图1-2-3　分块结构

（1）分层构建。

针对民用无人驾驶航空器系统的"运行"和"经营"，通过管理要素、风险类别和体例形式三个维度分层构建，其中"运行"包括人、机、环三类管理要素，如图1-2-4所示。

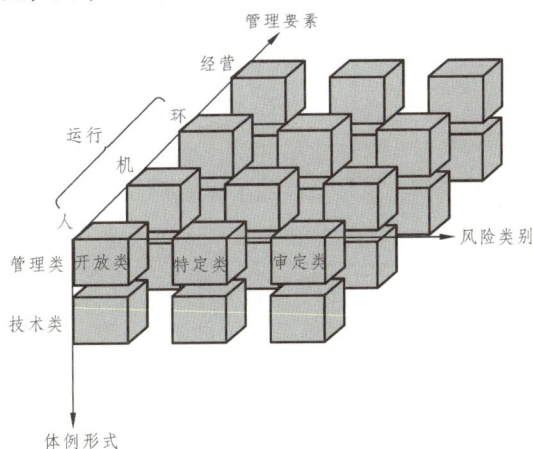

图1-2-4　三维分层构建

（2）管理要素。

管理要素细分为"基础通用""人员""民用无人驾驶航空器系统""空中交通管理""起降场""通信导航监视""环保""作业能力"和"服务质量"，如图1-2-5所示。

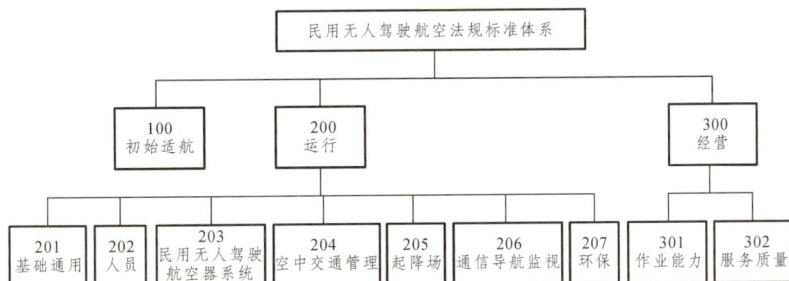

民用无人驾驶航空法规标准体系

| 100 初始适航 | 200 运行 | 300 经营 |

| 201 基础通用 | 202 人员 | 203 民用无人驾驶航空器系统 | 204 空中交通管理 | 205 起降场 | 206 通信导航监视 | 207 环保 | 301 作业能力 | 302 服务质量 |

图1-2-5　管理要素

（3）风险类别。

综合考虑民用无人驾驶航空器系统的重量、动能、飞行高度、飞行速度、应急处置等，根据风险将运行和经营分为开放类、特定类和审定类，并对管理要素进行细分。

（4）体例形式。

法规标准内容包括管理要求和技术要求，针对《体系构建指南 V1.0》中不同的管理要素和风险类别，按照体例形式进行细分，如图 1-2-6 所示，管理要求的体例形式主要是规范性文件和政策文件等，技术要求的体例形式主要是国家标准、行业标准等技术标准。

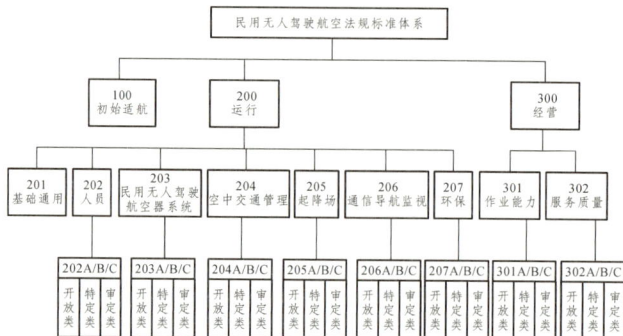

图 1-2-6　风险类别

4. 其他文件

除了上述法规和 92 部规章，近几年，我国相关部门陆续出台了一些针对无人机的咨询通告、管理文件等规范性文件，如《轻小无人机运行规定（试行）》《民用无人驾驶航空器系统空中交通管理办法》《民用无人机驾驶员管理规定》《民用无人驾驶航空器实名制登记管理规定》《基于运行风险的无人机适航审定指导意见》等，在无人机飞行管理、空中交通管理、驾驶员管理和无人机登记管理、适航审定等方面进行了规定，成为法律法规的有益补充。

【任务实施】

请大家阅读《无人驾驶航空器飞行管理暂行条例》原文，回答表中问题。

问题	答案	法规出处
《条例》适用于哪些飞行器？		
如何判断无人机的所属类型？		

续表

问题	答案	法规出处
所有的无人机都需要实名登记吗?		
什么是"适飞空域"及"管制空域"?		
是否需要实名登记、驾驶执照及责任险?		
是否需要考无人机驾驶执照?		
什么情况下需要提出飞行申请?是否需要投保责任险?		
是否需要申请取得运营合格证?		
新规什么时候生效?		

《无人驾驶航空器飞行
管理暂行条例》

任务 2　绘制无人机法律法规思维导图

【任务相关知识】

我国在无人机研发制造、企业多领域运营应用和法规标准建设方面具有先发优势，结合大量多领域的试点，制定出台了一批行业规章、标准和文件，我国无人机产业处于"头羊"地位。

一、无人机生产制造方面

1. 《民用无人机生产制造管理办法（征求意见稿）》

2020 年 3 月 20 日工业和信息化部组织起草了《民用无人机生产制造管理办法（征求意见稿）》，向社会公开征求意见。

法规要点解读：

第三条 "管理职责"明确了生产制造的管理主体是工业和信息化部，使得行业管理有了明确的上级。

第五条 将民用无人机分为微型、轻型、小型、中型、大型五种类型。

第六条 明确民用无人机应当具有唯一产品识别码，并易于被识别和发现，能够主动广播相关信息。对于"一机一码"，不仅要求在机体、外包装上标明，还要求写入无人机不可擦除的芯片存储区，飞行时能够通过 Wi-Fi 或蓝牙方式自动广播机器代码和飞行状态信息。

第七条 民用无人机应当具有电子围栏，在开机启动时自动检测更新飞行空域划设信息，具备飞行区域限制及警示功能，防止靠近、飞入或飞出特定区域，满足空域管理相关要求。

第八条 微型无人机应当能够在飞行过程中通过 Wi-Fi、蓝牙等方式，自动广播其产品识别码和飞行状态信息，以便在飞行过程中易于被其他设备发现和识别。

2. 《关于促进和规范民用无人机制造业发展的指导意见》

《关于促进和规范民用无人机制造业发展的指导意见》是为促进和规范民用无人机制造业发展而制定的法规，2017 年 12 月 6 日，《关于促进和规范民用无人机制造业发展的指导意见》（简称《意见》），由工业和信息化部发布，自 2017 年 12 月 6 日起实施。

《意见》指出：

支持有条件的普通高校和职业院校设立无人机相关专业，建立多层次多类型的无人机人才培养和服务体系。

鼓励企业引进国内外高层次技术人才，加强技能人才培训。

鼓励高等院校、科研院所和企业合作，创新人才培养机制，加快培育无人机关键技术、安全管控等急需紧缺型专业人才，构建具有竞争力的高端人才队伍。

鼓励企业与高校、科研机构等开展产学研用协同创新，围绕民用无人机动力系统、飞控系统、传感器等开展关键技术攻关，重点突破实时精准定位、动态场景感知与避让、面向复杂环境的自主飞行、群体作业等核心技术；开展小型化通用化载荷设备、高集成度专用芯片、长航时大载重/混合布局无人机研制。加快军工技术向民用转化，推动军工试验试飞、验证设施向民用无人机开放，促进有条件的民用无人机企业参与军品科研生产和维修服务。

3.《无人机制造企业规范条件》

2018年，为进一步加强无人机行业管理，规范行业市场秩序，工业和信息化部组织编制了《无人机制造企业规范条件（征求意见稿）》（简称《条件》）予以公示。

此次《条件》从基本条件、创新能力、生产制造能力、产品要求、质量控制、从业人员等方面，对无人机制造企业提出了具体要求。公示要求显示，制造企业享有所制造无人机的知识产权，拥有无人机相关的专利或专有技术，其中授权专利不少于50项（发明专利不少于3项），且3年内未出现侵权行为，研发经费投入不低于当年总营业额的4%，享有所制造无人机的知识产权。无人机应具备敏感地区飞行限制功能和与用途匹配的感知避让功能，并具有唯一产品编码，满足身份识别要求。

4.《关于开展民用无人机驾驶航空器生产企业和产品信息填报工作的通知》

2017年，工业和信息化部发布了《关于开展民用无人驾驶航空器生产企业和产品信息填报工作的通知》（简称《通知》），《通知》要求各地区民用航空工业主管部门负责通知并督促所在地民用无人驾驶航空器生产企业填报企业及产品信息，对信息真实性、完整性进行核实和审查，并汇总、报送填报信息。

这项工作将从2017年正式开展，每年按照地域对国内民用无人驾驶航空器生产企业和产品信息开展摸底统计，以为加强对全国无人驾驶航空器生产企业的行业管理，全面摸清民用无人驾驶航空器研制、生产情况。

二、无人机适航审定方面

1.《基于运行风险的无人机适航审定指导意见》

传统的有人机适航管理有设计型号批准、设计批准和单机适航批准等要求，需要局方人员进行监管和审批，对局方人力资源有较大的需求。由于国内无人机生产厂家众多，局方人力资源无法按照有人机的模式对无人机生产厂家进行监管，因此无人机适航审定必然与有人机适航审定有较大区别。

在国家简政放权、鼓励产业发展的大环境下，为促进国内民用无人机产业健康成长，民航局航空器适航审定司根据我国无人机发展现状和国际上基于风险的审定发展趋势，提出基于运行风险的无人机适航审定，并印发《基于运行风险的无人机适航审定指导意见》，从无人机实名登记现状、适航管理思路、指导原则、实施路线图等多个方面，对基于运行风险的无人机适航审定进行了阐述，指导开展无人机适航审定工作。

开展基于运行风险的无人机适航审定，是对适航管理的一次重大创新，将为无人机安全融入民航运输体系提供有力保障，进而为经济社会发展服务，为加快实现民航强国贡献力量。同时，在无人机适航审定方面，我国的立法定标能力、产品审定能力和技术验证能力将得到进一步提升，有助于提升我国民航在国际合作中的发言权和话语权。

2.《民用无人驾驶航空器系统适航审定管理程序（征求意见稿）》

为指导和规范民用无人驾驶航空器系统的设计批准、生产批准和适航批准有关活动，进一步促进我国无人驾驶航空器产业发展，在充分总结已有经验的基础上，民航局适航司2022年制定了《民用无人驾驶航空器系统适航审定管理程序》（AP-21-AA-2022-71）。本程序适用于限用类民用无人驾驶航空器系统的型号合格证、补充型号合格证，正常类、运输类和限用类民用无人驾驶航空器相应类别适航证的申请、受理、审查和颁发，以及对证件持有人的管理和监督。

3.《民用无人驾驶航空器系统适航审定项目风险评估指南（征求意见稿）》

民用无人机系统的适航审定采取基于风险的原则，民用无人机系统适航审定项目的风险评估包含申请人管理体系风险评估和产品风险评估两个方面。

评估民用无人机系统的管理风险等级，主要从组织机构、人员、设施/设备、过程控制、文件控制、内审及与局方的接口等因素进行评分。

评估民用无人机系统的产品风险等级，主要考虑无人机飞行遭遇撞击带来的风险，综合无人机的能量等级和在预期的运行环境飞行遭遇碰撞的可能等级两个维度给出。

民用无人机系统适航审定项目的风险评估综合考虑申请人管理体系风险评估和产品风险评估两个方面。载人无人机系统的适航审定项目无须进行风险评估，均视为高风险。

三、无人机驾驶员管理方面

1.《民用无人驾驶航空器实名制登记管理规定》

《民用无人驾驶航空器实名制登记管理规定》行业征求意见稿显示，进行实名登记的无人机为250 g以上（包括250 g）的无人机，实名登记工作于2017年6月1日正式开始，针对已经拥有无人机的个人或单位，实名登记工作需在8月31日前完成。登记信息包括拥有者的姓名（单位名称和法人姓名）、有效证件、移动电话、电子邮箱、产品型号、产品序号和使用目的等。根据2023年颁布的《无人驾驶航空器飞行管理暂行条例》中的最新规定，民用无人驾驶航空器所有者应当依法进行实名登记，不分类型和重量都应当在飞行前为所属无人机进行实名注册登记。

对于无人机制造商，需要在"无人机实名登记系统"中填报其产品的名称、型号、最大起飞重量、空机重量、产品类型和无人机购买者姓名/移动电话等信息。在产品外包装明显位置和产品说明书中，提醒拥有者在"无人机实名登记系统"中进行实名登记，警示不实名登记擅自飞行的危害。

在"无人机实名登记系统"中完成信息填报后，系统自动给出包含登记号和二维码的登记标志图片，并发送到登记时留的电子邮箱里。民用无人机拥有者在收到系统给出的包含登记号和二维码的登记标志图片后，将其打印为至少 2 cm×2 cm 的不干胶粘贴牌，粘于无人机不易损伤的地方，且应始终清晰可辨，便于查看。

2.《民用无人机驾驶员管理规定》

近年来随着技术进步，民用无人驾驶航空器的生产和应用在国内外得到了蓬勃发展，其驾驶员（业界也称操控员、操作手、飞手等）数量也在快速增加。面对这样的情况，局方有必要在不妨碍民用无人机多元发展的前提下，加强对民用无人机驾驶员的规范管理，促进民用无人机产业的健康发展。2018 年 8 月 31 日，中国民用航空局飞行标准司发布了《民用无人机驾驶员管理规定》，该规定针对无人机驾驶员的规范管理给出了标准，对于无人驾驶领域的发展具有重要的促进作用。

四、低空空域管理方面

1.《关于深化我国低空空域管理改革的意见》

低空空域是通用航空活动的主要区域，深化低空空域管理改革，是大力发展通用航空、繁荣我国航空业的重要举措，是促进我国经济社会发展的迫切需要。党中央、国务院、中央军委十分重视发展航空业和做好空管工作，在军地双方的共同努力下，我国空域管理不断改进，空域资源逐步得到有效利用，在经济社会发展和国防建设中发挥了重要作用。随着我国航空事业特别是通用航空事业的快速发展，空域管理工作出现了一些新情况、新问题，亟须通过深化改革加以解决。

深化低空空域管理改革的主要任务和措施包括：分类划设低空空域、加快推进深化低空空域管理改革试点、构建低空空域法规标准体系、建立高效便捷安全的运行管理机制、加强低空空域管理配套设施建设、完善通用航空服务保障体系、建立健全飞行人员培训机制、加强低空空域飞行安全监控和管理、建立低空空域管理评估监督机制。

2.《低空空域使用管理规定（试行）》

通用航空基础设施建设涉及的环节较多，在许多通航业人士看来，目前亟待补齐的短板主要包括以下三方面的内容：一是低空航图的绘制，有了低空航图，才能有明确的路线可飞，这是低空空域飞行的基本前提；二是通航机场或通航起降点的建设，有了通航机场与基地，通航作业方就能"有天有地"；三是空管系统合理配置，空管系统到位，才能知道"怎么飞、如何飞、安全飞"，这包括监视、通信、导航等设施的建设。

意见稿对通航基础设施建设相关方面作出了较为详细的规定，如："目视飞行航图"由中央空管委办公室统一管理，并由其指定专门机构制作发行；"低空飞行服务站"由民航局根据地方政府需求提出规划，上报空管委批准，国家适当投入、地方政府主导建设，地方政府或委托行业协会及运行公司管理，民航负责行业监管；民用机场（通用机场）及航路航线附近地区的建设和后期运营维护保障由民航负责，其他区域则由军航指导，地方政府负责建设和运营维护保障。

空管系统建设将获得国家的大力支持。意见稿指出，低空空域的信息保障体系包括通信、导航、监视、气象等，将由中央空管委统一规划，国家投资，民航和地方政府分别建设。

3. 《民用无人驾驶航空器系统空中交通管理办法》

本办法适用于依法在航路航线、进近（终端）和机场管制地带等民用航空使用空域范围内或者对以上空域内运行存在影响的民用无人驾驶航空器系统活动的空中交通管理工作。

内容包括：第一章 总则、第二章 评估管理、第三章 空中交通服务、第四章 无线电管理、第五章 附则。

4. 《民用航空空中交通管理规则》

为了保障民用航空飞行活动安全、有序和高效地进行，依据《中华人民共和国民用航空法》《中华人民共和国飞行基本规则》《通用航空飞行管制条例》以及国家其他有关规定，制定本规则。

内容包括：第一章 总则，第二章 机构与运行管理，第三章 管制员执照及培训，第四章 空域，第五章 一般规则，第六章 管制间隔的方法和标准，第七章 机场和进近管制服务，第八章 区域管制服务，第九章 目视飞行规则飞行的管制要求，第十章 仪表飞行规则飞行的管制要求，第十一章 雷达管制，第十二章 复杂气象条件和特殊情况下的空中交通管制，第十三章 飞行情报服务和告警服务，第十四章 协调，第十五章 空中交通管制事故、差错的管理，第十六章 空中交通运行保障设施，第十七章 空中交通管制容量和空中交通流量管理，第十八章 无人驾驶自由气球和无人驾驶航空器，第十九章 法律责任，第二十章 附则。

五、无人机综合管理方面

1. 《无人驾驶航空器系统标准体系建设指南》

日前，国家标准委、工业和信息化部、自然资源部、农业农村部、能源局、民航局等六部委联合发布了《无人驾驶航空器系统标准体系建设指南（2021年版）》（以下简称《指南（2021年版）》）。

《指南（2021年版）》旨在为政府监管和行业发展提供标准支撑，进一步落实推进无人驾驶航空器系统标准体系建设工作。根据当前无人驾驶航空器行业发展现状，加快推进无人驾驶航空器系统标准制定工作，建立健全无人驾驶航空器系统标准体系，累计修订300项以上无人驾驶航空器系统标准，实现基础标准、管理标准和技术标准全覆盖，扩大标供给，满足行业应用需求。

2.《轻小无人机运行规定（试行）》

2015 年 12 月 29 日，中国民用航空局飞行标准司出台了《轻小无人机运行规定（试行）》（以下简称《运行规定》），这是继《轻小型民用无人机系统运行暂行规定》征求意见稿之后的正式规定，在此前的意见稿基础上稍作变动。

该规定以大数据和"互联网+"为依托，对低、慢、小无人机运行实施放管结合的细化分类管理，以进一步维护轻小型无人机的飞行秩序，确保运行安全。

《运行规定》全文共 18 个章节，明确了民用无人机的定义和分类，引入了无人机云的数据化管理，并分别在无人机驾驶员的操作资质、无人机的飞行空域等方面提出了运行管理要求。

3.《轻小型民用无人机飞行动态数据管理规定》

2020 年 11 月 19 日，中国民航局印发《轻小型民用无人机飞行动态数据管理规定》，该规定适用于在我国缔结或参加国际条约规定的由我国提供空中交通服务的空域内运行轻、小型民用无人机及植保无人机的相关单位、个人，微型、中型、大型民用无人机飞行动态数据报送要求另行规定。

根据规定，民航局负责统一管理民用无人机飞行动态数据，具体由民航局空管行业管理办公室负责实施。从事轻、小型民用无人机及植保无人机飞行活动的单位、个人应当按照本规定的要求，及时、准确、完整地向民航局实时报送真实飞行动态数据。无人驾驶航空器空中交通管理信息服务系统，是民航局为掌握民用无人机飞行活动，为民用无人机飞行提供空域、计划、安全评估等方面服务，实现与相关监管部门协同管理的信息化系统，是民用无人机运行管理的窗口。

六、无人机技术规范方面

1.《无人机围栏》

无人机围栏，是指为阻挡即将侵入特定区域的航空器，在相应电子地理范围中划出特定区域，并配合飞行控制系统、保障区域安全的全硬件系统。

文件将无人机围栏按照水平面投影几何形状划分为民用航空机场障碍物限制面、扇区形以及多边形三类并对其平面地理区域、有效时间限制高度作出详细规定。文件同时明确了无人机围栏测试的一系列技术要求。

近年来，无人机擅闯各限航区的事件屡见不鲜，导致安全事故及经济损失的同时，为行业增加诸多的负面影响，将打击无人机行业自身发展以及大众对无人机行业的信心，影响行业的健康、持续发展。

完善无人机围栏建设标准，为各无人机制造商提供技术改进方向，可以为无人机系统发展提供更多相对自由的空间，同时控制其在运行过程中产生的风险，消除其对地面人员和设施安全的负面影响，有效保障机场周边等净空保护区内的飞行安全。

2.《无人机云系统接口数据规范》

行业标准《无人机云系统数据规范》（MH/T 2011）适用于在中国境内运行的民用无人机云系统和它们之间的数据交换和集成。

本标准规定了民用无人机云系统中数据内容和格式及民用无人机云系统之间传输数据要求、数据加密要求、编码规则、性能要求。

本标准在《无人机云系统接口数据规范》（MH/T 2009）标准规定的分级分类基础上，面向不同性能、运行场景、作业任务的无人机，定义统一的云系统数据要求规范，通过对信息元素的可选/必选定义、无人机云系统的能力分级来支持无人机的飞行管理。

3.《民用无人机无线电管理暂行办法》

工业和信息化部近日印发《民用无人驾驶航空器无线电管理暂行办法》（简称《暂行办法》），包括总则，无线电频率、台（站）管理，无线电发射设备管理，电波秩序维护及附则共五章24条，自2024年1月1日起施行。

《暂行办法》明确管理范畴。进一步明确将民用无人驾驶航空器通信系统无线电发射设备型号核准、无线电频率使用、无线电台设置使用纳入无线电管理范畴，使管理政策与上位法有效衔接。

七、无人机经营管理方面

1.《民用无人驾驶航空器经营性飞行活动管理办法（暂行）》（简称《办法》）

《民用无人驾驶航空器经营性飞行活动管理办法（暂行）》（简称《办法》）共3章20条，以"坚持放管结合、转变职能；坚持突出重点、分类管理；坚持包容审慎、拓展服务"为基本原则，对无人驾驶航空器经营许可证的申请条件及程序、无人驾驶航空器经营性飞行活动的监督管理方式等作了明确规定，具有适用范围边界清晰、准入条件大幅降低、在线操作简单便捷、管理条款符合情理、时间指标宽松充裕等特点。

2.《通用航空经营许可管理规定》

《通用航空经营许可管理规定》（CCAR-135TR-R3）是为了加强对通用航空的行业管理，促进通用航空安全、有序、健康地发展而制定的部门规章，已经于2007年1月25日由民用航空总局（2008年改为中国民用航空局）局务会议审议通过，自2007年2月14日起施行。2020年8月4日，经中华人民共和国交通运输部令2020年第18号修订重新发布，自2021年1月1日起施行。

第八条申请取得通用航空经营许可的，应当具备下列条件：

（1）从事经营性通用航空活动的主体应当为企业法人，企业的法定代表人为中国籍公民；（2）有符合本规定第九条要求的民用航空器；（3）有与民用航空器相适应，经过专业训练，取得相应执照的驾驶员；（4）按规定投保地面第三人责任险；（5）法律、行政法规规定的其他条件。

八、无人机服务保障体系方面

1. 《低空飞行服务保障体系建设总体方案》

《低空飞行服务保障体系建设总体方案》（简称《方案》）已于近日印发。根据《方案》，我国将建成由 1 个全国低空飞行服务国家信息管理系统（简称国家信息管理系统）、7 个区域低空飞行服务区域信息处理系统（简称区域信息处理系统）以及一批飞行服务站组成的低空飞行服务保障体系。

根据《方案》，到 2022 年，我国将初步建成由国家信息管理系统、区域信息处理系统和飞行服务站组成的低空飞行服务保障体系，为低空飞行活动提供有效的飞行计划、航空情报、航空气象和协助救援等服务。到 2030 年，低空飞行服务保障体系将全面覆盖低空报告、监视空域和通用机场，各项功能完备、服务产品齐全。

2. 《民用无人驾驶航空试验基地（试验区）建设工作指引》（简称《工作指引》）

根据《工作指引》，民用无人驾驶航空试验基地（试验区）建设定位包含城市场景运行试验区、海岛场景运行试验区、支线物流运行试验区、高原环境运行保障试验区、综合应用拓展试验区等多个目标，其建设工作以直辖市、副省级城市、地级市（区）等为单位，以地方政府为申请主体。拟申请地区应具备空域环境良好、产业基础较好（"优先支持具有无人机试运行批准企业所在地的城市"）、基础设施健全、支持措施明确（专门强调"地方政府高度重视，已出台无驾驶航空相关发展规划或政策文件，对无人机运行有明确资金和政策支持"）专业资源丰富等条件；在试验区的建设和运行中应明确相关工作任务和成果输出，重点在深入开展无人机试运行、监管和服务机制探索、无人机适航审定技术研究、运行技术验证、支撑要素试验、创新产业生态试验等多个方面实现突破。

【任务实施】

分组针对上述某一方面的规范性文件进行要点归纳总结，以思维导图形式呈现，并查找具体案例进行解释说明，完成思维导图绘制后，分组进行汇报解说。

【评价标准】

（1）思维导图内容呈现完整、丰富。

（2）要点阐述正确，支撑案例合适。

（3）图表整齐美观，汇报语言表达流畅。

案例链接 2：无人机"黑飞"致国防战备资源损失，判了

案例链接内容扫码观看

【课后习题】

1. 无人机法律法规体系层次是怎样的?

2. 无人机生产制造方面的法规有哪些?

3. 无人机适航管理方面的法规有哪些?

4. 无人机驾驶员管理方面的法规有哪些?

5. 我们俗称的《条例》和《92 部规章》指的是哪两部法规和文件?

学习情境二　无人机生产制造如何监管

教学目标

知识目标

1. 了解消费级、工业级、军用级无人机整机制造商及其无人机产品。

2. 了解典型无人机生产制造基地/中心及其生产设施设备。

3. 掌握无人机在唯一产品识别码、无线电发射设备型号核准、电信设备进网许可、网络与数据安全、产品信息备案等方面的生产管理要求。

4. 掌握无人机的产品安全要求。

能力目标

1. 能够阐述消费级、工业级、军用级无人机在用途、性能、功能等方面的差异。

2. 能够简述无人机生产制造环节及生产工艺。

3. 能够阐述无人机生产制造管理的必要性。

4. 能够快速检索无人机相关国家标准。

素质目标

1. 增强爱国情怀和民族自豪感。

2. 筑牢民用无人机产品质量安全意识。

3. 培养团队合作、协调沟通的能力。

授课建议

教学结构

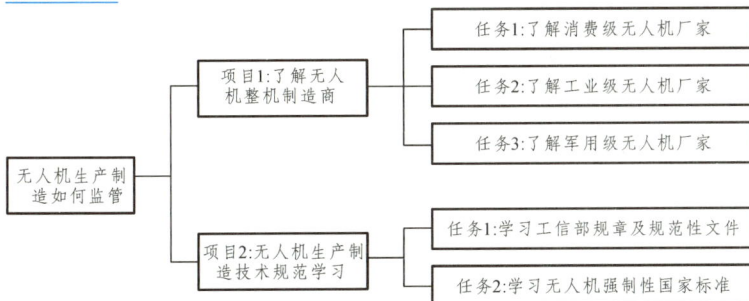

授课课时

项目 1 建议 2 课时，项目 2 建议 2 课时。

项目 1　了解无人机整机制造商

截至 2023 年 12 月底，我国无人机登记数量约 118 万架，大大小小的无人机生产制造企业已超过 2 200 家。不论是在消费级领域、工业级领域还是在军用级领域，我国都拥有许多独树一帜的无人机整机制造商。本项目将带领大家了解一些国内无人机整机制造商及其主要无人机产品。

任务 1　了解消费级无人机厂家

【任务相关知识】

一、深圳市大疆创新科技有限公司

1. 公司简介

深圳市大疆创新科技有限公司（以下简称"大疆科技"）成立于 2006 年。自成立以来，大疆从无人机系统拓展至多元化产品体系，在无人机、手持影像系统等领域成为全球领先的品牌，以一流的技术产品重新定义"中国智造"内涵。大疆总部位于深圳，在全球多地设有办公室，业务遍及 100 多个国家与地区。

大疆科技是全球最大的消费级无人机制造商之一，也是无人机行业的领军企业之一。

市场份额：大疆科技的市场份额占据全球消费级无人机市场的约 70%。这意味着，在所有消费级无人机销售中，十台有七台是大疆科技制造的。

产品线：大疆科技拥有广泛的产品线，包括消费级无人机（如 Mavic 系列和 Phantom 系列）、专业级无人机（如 Inspire 系列和 Matrice 系列）以及无人机相关设备和软件（如遥控器、相机和应用程序）。

技术创新：大疆科技一直致力于技术创新，不断推出创新的无人机产品和技术。例如，他们开发了使用机器学习的障碍物识别系统和红外成像技术，以提高无人机的安全性和操作效率。

应用领域：大疆科技的无人机产品被广泛应用于各种领域，包括航拍、电影拍摄、科学研究、救援、农业、测绘等。他们的无人机产品也被广泛用于商业用途和个人娱乐。

2. 公司主要无人机产品

大疆科技以消费级无人机起家，随后逐渐扩展应用领域。目前，消费级无人机仍是大疆科技的主要收入来源，占据超 80% 的比重。消费级无人机主要应用于航拍、灯光秀等场景，其中航拍是无人机行业应用最多的领域。大疆科技的消费级无人机产品有 DJI Mavic 系列、DJI Air 系列、DJI Mini 系列、DJI Avata 系列、DJI Inspire 系列、DJI FPV 系列、DJI Phantom 系列、DJI Spark 系列。

二、深圳市道通智能航空技术股份有限公司

1. 公司简介

深圳市道通智能航空技术股份有限公司（以下简称"道通智能"）成立于 2014 年，是全球领先的无人机数字化行业解决方案供应商。集群智慧，数字未来，道通智能作为掌握无人机全链条核心技术的国家高新技术企业，聚焦无人机自主化、集群化、数字化，持续推动 AI、云、大数据、物联网、组网技术在无人机领域的应用，为安防、巡检、应急、测绘等千行百业和全球用户提供前沿领先、智能、高效的无人机解决方案。

公司总部位于无人机之都——深圳，在美国西雅图、德国慕尼黑、意大利、新加坡、越南等地设立境外分公司和研发基地。其中，研发基地占地总面积达 4 297.62 m²，研发人员在非生产人员中占比为 50.1%。截至 2023 年 12 月 31 日，公司在全球布局专利申请 2 772 项，授权专利 1 298 项，授权发明 496 项。

道通智能力求加大全球市场的渠道投入与布局，与国家电网、中国海防、公安局紧密合作，积极参与全球专业展会和线下研讨会，在海外入驻 Best Buy、B&H Photo Video、Fnac、Darty、Mediaexpert 等大型跨境平台及连锁渠道，受到全球市场及客户的高度认可。

2. 公司主要无人机产品

道通智能产品凭借工业设计、卓越品质和良好用户体验，多次赢得了国际权威奖项。其中，EVO Max4T 荣获 2023 红点设计奖；EVO NANO+、EVO LITE+荣获 2022 红点最佳设计奖（见图 2-1-1），成为无人机行业唯一一家手捧两个红点最佳设计奖荣誉奖杯的企业；EVO NANO+、EVO LITE 荣获 2022iF 产品设计奖，等等。

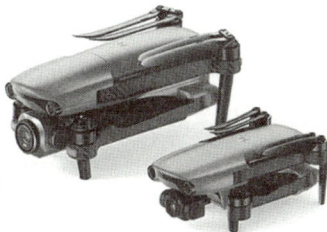

图 2-1-1　EVO NANO+ 和 EVO LITE+无人机

【任务实施】

5 人为一组，选取典型的消费级无人机制造商，搜集该企业相关的介绍及无人机产品信息，制作汇报 PPT，并进行分组汇报。

【评价标准】

1. 小组分工明确，各成员都能做好自己负责的相关工作。
2. 资料搜集详细，能够对搜集到的信息进行总结归纳。
3. PPT 内容充实、图文并茂、排版规整。
4. 分组汇报时，讲解清晰流畅。

任务 2　了解工业级无人机厂家

【任务相关知识】

一、成都纵横自动化技术股份有限公司

1. 公司简介

成都纵横自动化技术股份有限公司创立于 2010 年，系高新技术企业，专注于工业无人机相关产品的研发、生产、销售及服务，公司是国内规模领先、最具市场竞争力的工业无人机企业之一，致力于为客户提供智能化、平台化、工具化的工业无人机系统，公司于 2021 年 2 月 10 日在上海证券交易所科创板成功上市，为国内第一家以无人机为主营业务的上市公司。

公司以垂直起降固定翼无人机系统为核心产品，目前拥有大鹏 CW-007、CW-10、CW-15、CW-20、CW-25、CW-30、CW-100 七大系列垂直起降固定翼无人机系统，最大起飞重量为 6.8 ~ 105 kg，航时覆盖 1 ~ 8 h，产品广泛应用于测绘与地理信息、巡检、安防监控、应急等领域。

在飞行器平台设计及制造方面，公司是少数能系统地运用飞行器专业设计体系的工业无人机企业之一，掌握了尾座式、倾转动力式、复合布局式、分布动力式等多种布局飞行器的设计方法；在飞行器总体设计、气动布局优化、动力匹配与优化、飞行力学与操稳控制、复合材料等领域都具有深厚的人才和技术积累。公司于 2015 年在国内率先发布并量产垂直起降固定翼工业无人机，将"垂直起降固定翼无人机"这一新类别纳入了工业无人机的范畴。公司的垂直起降固定翼无人机产品采用固定翼结合四旋翼的复合翼布局形式，结合了固定翼无人机能量效率高、航时长，以及多旋翼无人机垂直起降并能够悬停的优势，进一步拓宽了工业无人机行业的应用领域，与多旋翼无人机一起成为当今工业无人机的主

要布局形式。

在飞控与航电方面，公司具有飞控与导航系统、地面指控系统、综合航电系统的自主设计研发能力，掌握了总能量飞行控制、基于神经网络的自适应控制、L1 模型参考自适应控制等前沿控制技术，相关产品具有高智能性、高适应性和高可靠性的特点，以一种软硬件架构实现了固定翼、直升机、多旋翼以及扑翼等多种飞行器类型的自动适配，对于常规布局的无人机，几乎无须调整参数就能满足全程自主飞行控制。公司自主研制的飞控与地面指控系统应用于国家多个重大航空项目的飞行试验验证平台，包括多用途轻型水陆两栖飞机海鸥 300 缩比验证机自由飞失速/尾旋试验、军用大型运输机 Y-20 缩比验证机自由飞试验、下一代民用客机缩比验证机"灵雀 B"全流程试飞、民用客机 C919 缩比验证机自由飞失速试验等。在一体化设计及集成方面，公司掌握了涵盖飞控与航电、任务载荷、飞行器的一体化设计与优化技术。公司无人机系统采用软硬件通用/共用架构设计、标准机电接口设计、多元数据融合与应用、多系统协同综合优化设计等方法，实现了结构重量、装载空间、气动力、传输带宽、能源等资源的高效利用，在确保系统发挥最大效能的同时，提高了系统的完整性、兼容性和扩展性，并在成本控制、技术自主可控、多元化应用等方面体现出优势。公司目前已具备面向多元化应用、多领域客户提供工业无人机产品与服务的能力。

2023 年 3 月 30 日，由科创板第一家工业级无人机上市公司纵横股份在成都天府新区投资的大鹏无人机制造基地暨鹏飞科技园（见图 2-1-2）在天府新区新兴产业园正式落成、投产，项目总投资 3.4 亿元，总建筑面积 5.4 万平方米，可实现年产各类工业无人机 3 700 架。

图 2-1-2　大鹏无人机制造基地

鹏飞科技园是为开展无人机核心关键技术研究、实现可控自主化的工业级无人机生产能力所建设的具备国际先进水平的工业无人机产业化基地。该基地拥有复合材料、零部件、航电系统、整机组装、测试的全自主生产能力，建立了一套以销定产、敏捷反应的无人机柔性制造技术，可实现高效低成本、多品种、多批量的无人机快速生产。具体而言，园区具备高效低成本复合材料机体制造技术，大幅降低复合材料生产制造难度，结合新引入的先进生产设备、先进工艺，实现复合材料生产效率较原生产效率两倍以上的大幅提升。

2. 公司主要无人机产品

公司当前具备谱系化的垂直起降固定翼无人机系统、多旋翼无人机产品。

（1）垂直起降固定翼无人机系统。

公司具有吨级以下谱系化中小型工业无人机产品，包括 CW-007、CW-15、CW-20、CW-25/E/H、CW-30、CW-40、CW-80、CW-100（见图 2-1-3）等系列；最大起飞重量涵盖 6.8 ~ 110 kg，载荷 0.8 ~ 25 kg，航时 1.5 ~ 10 h，产品涵盖纯电动无人机、油电混合无人机及以氢燃料为代表的新能源无人机系统。公司产品性能保持行业先进水平，具有稳定性高、模块化组装、全程自主飞行、自动避障等特点，能在多种复杂地形起降作业，无须操作人员干预即可完成巡航、飞行状态转换、垂直起降等飞行过程，可实现一机多载或多载切换，搭载光电吊舱、航测相机、激光雷达、合成孔径雷达、航磁传感器、大气传感器等无人机任务载荷，满足各类行业用户需求。

图 2-1-3　CW-100 无人机

（2）多旋翼无人机系统。

公司 PH 系列工业级多旋翼无人机为公司配套现有垂直起降固定翼无人机应用场景而开发的产品，其高度集成无人机飞行平台与载荷，高效协同公司固定翼平台、地面站系统而实施任务作业。公司现有产品包括 PH-007、PH-X、PH-25 三款旋翼无人机产品。

二、广州极飞科技股份有限公司

1. 公司简介

广州极飞科技股份有限公司（简称"极飞"）成立于 2007 年，是一家以"提升农业生产效率"为使命的农业科技公司，致力于用机器人、人工智能和新能源技术为农业赋能。极飞科技长期以智慧农业为发展方向，发挥研发与先进制造优势，不断将前沿技术带入农业生产管理中，以科技平民化、成果产业化、产品普惠化的形式，搭建起广大农民与科技之间的桥梁。

极飞在飞行控制算法、工业设计、材料科学、机械电子工程、智能制造等领域具备行业前沿的研发创新实力。成立 16 年来，极飞自主研发了农业无人飞机、遥感无人飞机、农业无人车、农机自驾仪、农业物联网和智慧农业系统等产品，通过构建完整的软硬件产品矩阵和数据闭环，为广大农业工作者提供精准、高效、灵活、经济的无人化生产解决方案，以解决农业生产中劳动力不足、管理粗放和环境污染等问题。

2. 公司主要无人机产品

目前，极飞主打的四款农用无人机型号有 P150 2024、P60 2024、P100 Pro 2023、V50 Pro 2023。

基于应用场景的拓展与用户的多样化需求，极飞于 2023 年 12 月 11 日推出了新一代 P150 和 P60 农业无人机。从飞行控制、结构设计到任务系统、电力系统的全面升级，让极飞 P150 和 P60 拥有更高的作业效率、更灵活的操控方式和更低的使用成本。

其中备受瞩目的极飞 P150 农业无人机，具备喷洒、播撒、运输、航测四大功能，一机满足多种作业场景。其 70 kg 最大载重、30 L/min 最大喷洒流量和 280 kg/min 最大播撒推料速度，再次达到农业无人机的作业性能新高度。在喷洒、播撒场景下，配合最高 13.8 m/s 的飞行速度，P150 展示出遥遥领先的作业效率。

图 2-1-4　P150 农用无人机喷洒农药

图 2-1-5　P150 农用无人机播撒种子

图 2-1-6　P150 农用无人机吊挂农资

除此之外，针对分散小地块的作业需求，"小身材"的极飞 P60 农业无人机是另一个更灵活的选择，具有和 P150 相同的智能化程度、操控方式与充电方案。同样搭载了第四代极飞睿喷和睿播系统，极飞 P60 拥有 30 kg 最大有效载重，15 L/min 最大喷洒流量和 190 kg/min 最大推料速度，可以满足广泛的农事场景需求。它折叠后体积更小巧，便于在不同地块之间运输转场，实现单人单机轻松作业。

【任务实施】

5 人为一组，选取典型的工业级无人机制造商，搜集该企业相关的介绍及无人机产品信息，制作汇报 PPT，并进行分组汇报。

【评价标准】

1. 小组分工明确，各成员都自己负责的相关工作。
2. 资料搜集详细，能够对搜集到的信息进行总结归纳。
3. PPT 内容充实、图文并茂、排版规整。
4. 分组汇报时，讲解清晰流畅。

任务 3　了解军用级无人机厂家

【任务相关知识】

一、中航（成都）无人机系统股份有限公司

1. 公司简介

中航（成都）无人机系统股份有限公司成立于 2007 年，并于 2022 年 6 月 29 日首次公开发行股票，在上海证券交易所科创板上市。公司员工 500 余人，注册资本 67 500 万元。

公司是专注于大型固定翼长航时无人机系统成体系、多场景、全寿命的整体解决方案提供商，主要从事无人机系统的设计研发、生产制造、销售和服务工作。公司是国内大型固定翼长航时无人机系统的领军企业，公司无人机系统产品包括翼龙-1、翼龙-1D、翼龙-2等翼龙系列无人机系统，具备长航时、全自主多种控制模式、多种复合侦察手段、多种载荷武器集成、精确侦察与打击能力和全面灵活的支持保障能力。其中：翼龙-1是国内第一型实现军贸出口的中空长航时察打一体大型无人机；翼龙-1D是国内第一型全复材多用途大型无人机；翼龙-2是国内第一型实现军贸出口的涡桨动力大型无人机，具备全天时、全天候、全疆域遂行任务的能力。公司的翼龙系列无人机系统已成为"中国制造"的一张名片，产品及其相关技术获得了第五届中国工业大奖表彰奖，国防科技进步奖一等奖、二等奖及三等奖等奖项。

在国际市场，翼龙系列无人机系统已出口"一带一路"沿线多个国家，是我国军贸无人机出口的主力型号。根据斯德哥尔摩国际和平研究所（SIPRI）统计，2010至2020年，翼龙系列无人机军贸出口订单累计数量位列中国第一，另据2021年5月美国航空周刊（AVIATIONWEEK）报道，翼龙系列无人机在全球察打一体无人机市场占率位居全球第二。翼龙系列无人机系统的优越性能和成熟度经历了高强度实战检验并取得卓越战绩，为"中国制造"赢得了国际声誉。公司于2021年1月获得国防科工局授予的"2019～2020年度国防科技工业军品出口先进单位"称号。

在国内市场，公司积极践行国家战略，形成了国内国际双循环相互促进的新发展格局。一方面，利用军贸无人机实用成果反哺国内装备建设，将支撑一流军队建设、强军首责作为公司发展的主要方向，公司翼龙-2无人机系统实现了无人机空空打击、对海上移动目标实弹打击等突破。另一方面，公司面向国家重大需求，创新大气象、大应急领域应用的新手段和新方法，完成了我国首次利用大型固定翼无人机开展人工影响天气的作业，填补了国内大型无人机人工增雨（雪）的空白，完成了我国首次大型无人机应急通信实战演练，参与了应急管理部成立以来首次大规模实兵检验性演习，为国家第一时间开展应急救援提供了全新的解决方案，并在2021年7月21日至22日先后两次参与了河南省强降雨灾害的应急通信工作，打通了应急通信保障生命线。

公司在成飞自贡无人机产业基地（见图2-1-7）建有制造厂区。2021年4月26日，航空工业成都飞机工业（集团）有限责任公司与自贡市人民政府在四川成都签订《成飞自贡无人机产业基地项目投资建设合作协议》，双方将充分立足各自比较优势，携手打造国内最大无人机产业基地，"构建无人机全产业链"，实现项目总投资约100亿元，项目建成后将年产100架以上大型无人机、年产值将达100亿元以上，此外还将带动相关配套产业年产值100亿元以上（成飞无人机相关配套至少有一半是民营企业），对四川乃至全国无人机产业都是一个巨大的带动。

图 2-1-7　成飞自贡无人机产业基地

2. 公司主要无人机产品

公司主要无人机产品为翼龙系列无人机系统，由无人机平台、地面站、任务载荷及综合保障系统组成。

无人机平台由机体、飞机管理系统、动力系统、机械电气系统、机载数据链系统等组成，是无人机实现空中飞行最基本的组成部分。

无人机系统地面控制站包括指挥控制站、视距链路地面站、卫通链路地面站。地面站作为无人机的操控中心，在无人机执行任务的各阶段保障飞行安全和任务成功执行；作为无人机系统的数据交互中心，实现无人机系统融入指挥信息系统，支持与上级指挥所进行信息交互，实现侦察情报数据分发。

无人机系统任务载荷系统指无人机携带的完成指定任务的设备或装置，按用途可分为侦察监视、情报通信、电子对抗、武器弹药及其他民用装备等。翼龙系列无人机系统任务载荷一般包括光电吊舱、合成孔径雷达、CCD 航测相机、武器及其他专用任务载荷等。

综合保障系统由保障设备、工具、备件、技术资料等组成，对无人机系统起支持保障作用。

公司当前翼龙系列无人机系统产品包括翼龙-1、翼龙-1D、翼龙-2 等。

二、航天彩虹无人机股份有限公司

1. 公司简介

航天彩虹无人机股份有限公司（简称"航天彩虹"）是中国航天科技集团公司第十一研究院控股的上市公司，主要从事彩虹系列无人机和新材料产品的设计研发及生产工作。

航天彩虹成立于 2001 年 11 月，主营业务为新材料（目前主要是功能性膜材料）的研发、生产和销售。2017 年 12 月通过成功实施重大资产重组，航天彩虹成为我国首家以无人机为主营业务的上市公司，十一院取得对南洋科技的控股地位，航天科技集团公司成为实际控制人。公司已形成新材料业务和无人机研发制造双主业的业务模式，产品在原有新材料产品的基础上，增加彩虹-3、彩虹-4和彩虹-5等中大型察打一体无人机产品以及射手系列导弹，形成多元化的产品结构。

公司是专注于彩虹无人机系统成体系、多场景、全寿命的整体解决方案提供商，是国内中大型无人机领域的领军企业。公司以智能无人体系化作战为牵引，发展以隐身、高速、高空、超长航时为特征的中高端无人装备，面向国防工业和国民经济多个行业，形成了大量拥有自主知识产权的核心技术成果，自主研发彩虹系列无人机、射手系列空地导弹等20余种产品，性能指标达到国际一流水平，彩虹系列无人机系统、射手系列空地导弹已成为"中国制造"的一张高科技名片。公司主要产品及其相关技术先后获得国家科技进步奖、国防科技进步奖、科技引领奖、发明奖等奖项。

国际市场上，彩虹系列无人机系统已出口"一带一路"沿线10余个国家，是我国最早实现军贸出口和出口量最大的无人机产品，已累计完成上万架次的起落及10余万小时的战斗飞行，其优越性能和成熟度经历了高强度实战检验并取得卓越战绩，主力机型被誉为"海外反恐利器""性能不输于美国捕食者"，为"中国制造"赢得了国际赞誉。

国内市场上，公司积极践行国家战略，推动形成国内国际双循环相互促进的新发展格局，一方面，利用彩虹无人机实用成果反哺国内装备建设，将支撑一流军队建设、强军首责作为公司发展的主要方向，主力产品进入国内装备序列，目前彩虹系列已成为国内销量最大的中大型无人机型号；另一方面，面向国家重大需求，统筹国土资源勘察、高分辨对地观测等重点领域产业发展和升级，公司产品目前已成功应用于航空物探、应急测绘等多个领域。

2. 公司主要无人机产品

公司坚定贯彻强军首责，致力于研究和发展适应复杂应用环境的中大型无人机及特种用途无人机技术，主要从事无人机及其机载任务设备（含武器系统）的研发、设计、生产、制造、试验、销售、服务等，并基于自有技术面向用户提供系统解决方案。

（1）成熟产品。

公司已构建起远中近程、高中低空、高速和低速相结合的无人机应用体系。成熟产品（见图2-1-8）包括彩虹8系列旋翼机/直升机、彩虹-3中空多用途无人机、彩虹-4中空察打一体无人机、彩虹-5中高空长航时无人机、彩虹-804D复合翼垂直起降无人机等，大部分已获得出口立项批复，从2004年起实现批量出口，远销非洲、亚洲的十余个国家，整机出口数量及金额在国内领先。多款产品已装备国内，彩虹-4型无人机首批入围我国军贸名牌精品工程，彩虹-5实现产品出海，进一步扩大彩虹无人机在国内外市场的影响力。

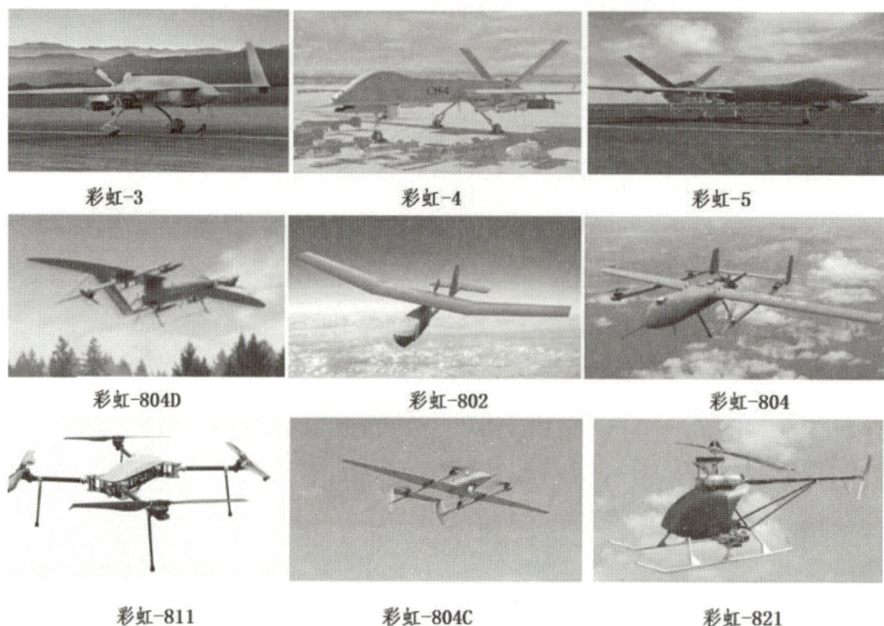

图 2-1-8　彩虹成熟产品

（2）在研产品。

在研产品（见图 2-1-9）主要为瞄准未来作战场景和用户实际需求开展研制的型号，包括彩虹-6 大型双发高速多用途无人机、彩虹-7 隐身无人机、彩虹-10 无人倾转旋翼机、彩虹-101 无人自转旋翼机、彩虹-817 微型攻击无人机、彩虹-805 高速隐身靶机、智能集群无人机系统以及巡飞弹等具有国际领先水平、填补国内空白的机型和系统。

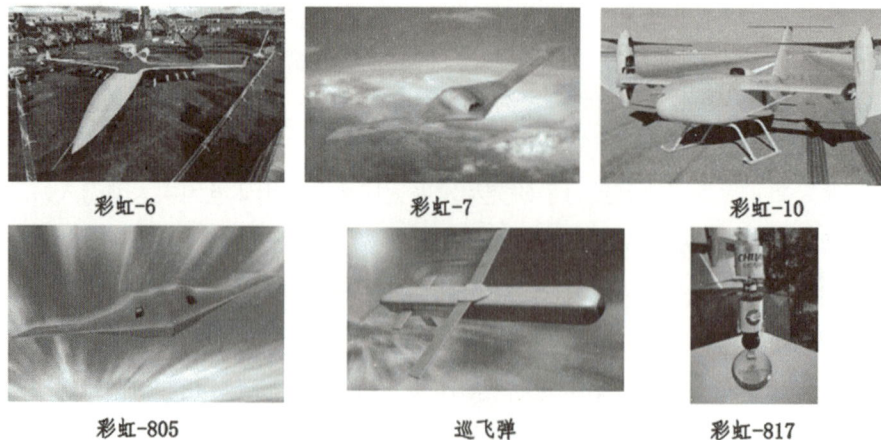

图 2-1-9　彩虹在研产品

【任务实施】

通过学习了解不同类型的无人机设计制造厂商以及无人机产品，总结归纳消费级、工业级、军用级无人机在用途、性能要求等方面的差异，并填写下表。

无人机分类	用途	性能要求	备注
消费级无人机			
工业级无人机			
军用级无人机			

【课后习题】

1. 请简要介绍消费级和工业级无人机的区别。

2. 请简要介绍纵横公司的产品类型。

3. 请列举我国军用无人机的典型机型及功能用途。

项目 2　无人机生产制造技术规范学习

为配合《无人驾驶航空器飞行管理暂行条例》施行，进一步规范无人机的生产制造和质量安全管理，工业和信息化部颁布了《民用无人驾驶航空器生产管理若干规定》《无人机制造企业规范条件（征求意见稿）》等规章及规范性文件，国标委发布了《民用无人驾驶航空器系统安全要求》（GB 42590—2023）强制性国家标准。本项目将介绍上述无人机生产制造技术规范文件，了解无人机在唯一产品识别码、无线电发射设备型号核准、电信设备进网许可、网络与数据安全、产品信息备案等方面的生产管理要求，重点学习有关无人机产品的 17 项安全要求。

任务 1　学习工信部规章及规范性文件

【任务相关知识】

一、《民用无人驾驶航空器生产管理若干规定》

为了规范民用无人驾驶航空器生产活动，促进民用无人驾驶航空器产业健康有序发展，维护航空安全、公共安全、国家安全，根据《无人驾驶航空器飞行管理暂行条例》（以下简称《暂行条例》）以及相关法律、行政法规，工业和信息部组织制定了《民用无人驾驶航空器生产管理若干规定》（以下简称《若干规定》）。

《若干规定》共十七条，从唯一产品识别码、无线电发射设备型号核准、电信设备进网许可、网络与数据安全、产品信息备案等方面提出了相关要求，主要内容如下。

（1）关于适用范围：一是明确生产、组装、拼装在中华人民共和国境内销售、使用的民用无人驾驶航空器应当遵守本规定（第二条第一款）。二是规定民用无人驾驶航空器是指没有机载驾驶员、自备动力系统的民用航空器（第二条第二款）。三是明确模型航空器的生产不适用本规定（第十六条）。

（2）关于生产管理制度：一是规定民用无人驾驶航空器生产者应当为其生产的民用无人驾驶航空器设置唯一产品识别码，自备动力系统的飞行玩具除外（第三条）。二是明确唯一产品识别码设置、使用的管理制度（第四条至第七条）。三是规定民用无人驾驶航空器使用的电信设备、无线电发射设备、无线电频率应当符合国家有关规定（第八条、第九条）。

（3）关于监督管理制度：一是规定民用无人驾驶航空器生产企业的网络安全、数据安全等责任（第十条、第十一条）。二是规定工业和信息化部建立民用无人驾驶航空器产品信息系统，与有关部门以及无人驾驶航空器一体化综合监管服务平台等共享民用无人驾驶航空器生产企业信息以及唯一产品识别码等产品信息（第十二条）。三是明确对有关违法行为依照《暂行条例》以及相关法律、行政法规予以处罚（第十三条）。

二、《无人机制造企业规范条件（征求意见稿）》

为落实《关于促进和规范民用无人机制造业发展的指导意见》（工信部装〔2017〕310号）要求，进一步加强无人机行业管理，规范行业市场秩序，加快培育优势企业，提升产业发展质量，工业和信息化部组织起草了《无人机制造企业规范条件（征求意见稿）》（以下简称《规范条件》），并于 2018 年 11 月 23 日向社会公开征求意见。

《规范条件》分为总则、基本条件、创新能力、生产制造能力、产品要求、质量控制、人员要求、社会责任、规范管理、附则，共十章四十二条。

《规范条件》共十章四十二条，从基本条件、创新能力、生产制造能力、产品要求、质量控制、人员要求、社会责任等方面对民用无人机制造企业提出了相关要求，主要内容如下：

（1）关于基本条件：要求企业具有独立法人资格，取得市场监督管理部门核发的、经营范围包括无人机制造的有效营业执照。按照有关法律法规要求开展安全生产工作，近两年内未发生较大及以上级别的生产安全事故，依据相关规定开展安全生产标准化达标建设工作，并获得第三方认证。按 ISO 9000 系列标准或《质量管理体系 要求》（GB/T 19001）建立质量管理体系，并获得第三方认证。

（2）关于创新能力：要求企业具有无人机自主研发和创新能力，年研发经费投入不低于当年总营业额的 4%。获得省级及以上高新技术企业认定，或具有省级及以上部门认定的技术中心、工程研究中心、重点实验室等研发机构。享有所制造无人机的知识产权，拥有无人机相关的专利或专有技术，其中授权专利不少于 50 项（发明专利不少于 3 项），且3 年内未出现侵权行为。

（3）关于生产制造能力：要求企业具有与生产规模相适应的生产场地和储存场地，以及加工、总装、测试等设备。企业具备与所制造的无人机产品相匹配的试飞场地，能够对产品进行试飞验证。企业具备与生产规模相适应的计划、生产等管理部门。应建立企业标准体系、文件体系和供应商管理制度。企业具有与生产规模相适应的信息化管理和信息集成能力，拥有企业资源计划（ERP）系统或生产执行系统（MES），并使用数字化设计工具进行无人机产品设计。

（4）关于产品要求：要求企业所制造的无人机应符合国家有关法律法规、部门规章，以及相关标准和规范要求。企业所制造的无人机应具备敏感地区飞行限制功能和与用途匹配的感知避让功能，并具有唯一产品编码，满足身份识别要求。企业应在无人机产品外包装明显位置及产品说明书中提示依法依规飞行，警示飞行风险。无人机的遥控、遥测和信息传输的无线电频率及其无线电发射设备使用、无线电台（站）设置使用应当符合《中华人民共和国无线电管理条例》等法规和国家无线电管理的有关规定。企业制造的无人机在链路丢失、定位失效等故障情况下，应能够自动采取降落、返航或其他应急措施，减少对地面人员及建筑物造成的伤害。

（5）关于质量控制：要求企业应制定质量目标和质量控制方针，设置质量检验部门并配备专职质检人员。企业应具备满足无人机研制需要的检测手段和检测仪器设备，并建立完善产品检测制度。企业应具有产品基础信息数据库及企业级产品管理服务平台，实现与国家无人机综合监管平台的衔接和数据共享。

（6）关于人员要求：要求企业管理层中应有专人负责技术和质量管理工作，该人员应具有相关的技术背景或主管相关工作的经验。企业主要负责人和安全生产管理人员应当接受安全培训，具备与所从事的生产经营活动相适应的安全生产知识和管理能力。企业应具有专业齐全、层次合理的技术团队，技术人员的经验、水平和能力应当与无人机产品要求相适应。企业研发人员中具有本科及以上学历或中级及以上职称的人员占比不低于 60%。特种作业、特种设备操作等特殊岗位的人员应具有相应资格证书。

（7）关于社会责任：要求企业应具备开展安全生产检查的必要手段和仪器设备，建立安全生产应急预案，制定安全生产长期目标及相关实施方案，并依据企业规模配备专、兼职管理人员。

【任务实施】

阅读《民用无人驾驶航空器生产管理若干规定》，请学生写出规章中每一条的关键字。按照条款，逐一抽点学生进行回答，对有疑问或不同意见的条款进行重点解释。

任务 2　学习无人机强制性国家标准

【任务相关知识】

一、《民用无人驾驶航空器系统安全要求》的概述

《无人驾驶航空器飞行管理暂行条例》第八条规定，从事微型、轻型、小型民用无人驾驶航空器系统的设计、生产、进口、飞行、维修以及组装、拼装活动，无须取得适航许可，但相关产品应当符合产品质量法律法规的有关规定以及有关强制性国家标准。截至 2023 年 1 月 10 日，我国民用无人机领域唯一一个强制性国家标准就是《民用无人驾驶航空器系统安全要求》（GB 42590—2023）。

作为《无人驾驶航空器飞行管理暂行条例》的配套支撑标准，该强制性国家标准规定了民用无人驾驶航空器系统产品的安全要求，描述了相应的试验方法，适用于除航模之外的微型无人驾驶航空器、轻型无人驾驶航空器和小型无人驾驶航空器的研制、生产、交付和使用。

2023 年 11 月 30 日，国家标准化管理委员会发布了"关于提前实施《民用无人驾驶航空器系统安全要求》国家标准主要条款的通知"，为有效支撑《无人驾驶航空器飞行管理暂行条例》（国令第 761 号）实施，经研究，决定将《民用无人驾驶航空器系统安全要求》（GB 42590—2023）国家标准主要条款实施日期由 2024 年 6 月 1 日提前至 2024 年 1 月 1 日。

由 2024 年 6 月 1 日提前至 2024 年 1 月 1 日起实施的内容有：1 范围、2 规范性引用文件、3 术语、定义和缩略语、4.1 电子围栏、4.3 应急处置、4.4 结构强度、4.5 机体结构、4.6 整机跌落、4.7 动力能源系统、4.9 防差错、4.10 感知和避让、4.12 电磁兼容性、4.13 抗风性、4.14 噪声、4.15 灯光、4.16 标识、4.17 使用说明书、5.1 电子围栏、5.3 应急处置、5.4 结构强度、5.5 机体结构、5.6 整机跌落、5.7 动力能源系统、5.9 防差错安全试验、5.10 感知和避让、5.12 电磁兼容性、5.13 抗风性、5.14 噪声试验、5.15 灯光、5.16 标识、5.17 使用说明书、6 标准的实施。

仍自 2024 年 6 月 1 日起实施的内容有：4.2 远程识别、4.8 可控性、4.11 数据链保护、5.2 远程识别、5.8 可控性、5.11 数据链保护、附录 A（规范性）远程识别。

二、无人机产品的安全要求及试验方法

《民用无人驾驶航空器系统安全要求》（GB 42590—2023）提出了电子围栏、远程识别、应急处置、结构强度、机体结构、整机跌落、动力能源系统、可控性、防差错、感知和避让、数据链保护、电磁兼容性、抗风性、噪声、灯光、标识、使用说明书等 17 个方面的强制性技术要求及相应的试验方法。具体技术要求如下。

1. 电子围栏

轻型和小型无人驾驶航空器应在检测到其他特定地理范围可能或正在发生冲突时，向无人驾驶航空器操作员提供通知、警告或自动执行飞行预案，飞行员可选择阻止起飞、限制飞行高度、悬停、降落、返航等一种或多种方案。

2. 远程识别

轻型和小型无人驾驶航空器实施飞行活动，应通过网络主动向综合监管服务平台报送识别信息。无人驾驶航空器在飞行过程中应当通过无线局域网（Wi-Fi）或蓝牙自动广播识别信息。

3. 应急处置

轻型和小型无人驾驶航空器在飞行过程中遇到数据链中断或丢失、电量/油量不足等突

发状况时，应具有悬停/空中盘旋、返航、降落、开伞等一种或多种处置能力，遇到导航失效情况，应通过操控软件或产品手册中说明的其他方式向无人驾驶航空器操作员提供通知或警告。

4. 结构强度

在承受各种规定的载荷状态下具有足够的强度和刚度，无人驾驶航空器结构不产生有害变形；在承受最大起飞重量的 1.33 倍的载荷时，无人驾驶航空器的主要承力结构不被破坏。

5. 机体结构

无人驾驶航空器机体及部件结构不应有对用户正常使用或维护保养造成伤害的锐边。

不具备桨叶保护装置的微型和轻型无人驾驶航空器，桨叶设计应减小对人员的划伤。桨叶不应使用金属材料，满足以下任意一个要求即可：

（1）非对称桨叶，桨尖前缘半径（R1）大于 1 mm，如图 2-2-1（a）所示；

（2）圆形桨尖半径（R2）大于 1 mm，如图 2-2-1（b）所示；

（3）方形桨尖梢弦（A）大于 2 mm 或者桨尖梢弦与最大梢弦（B）比大于 30%，二者最大，如图 2-2-1（c）所示；

（4）桨叶碰撞时可折叠；

（5）对固定翼，桨叶应安装在尾部，防止碰撞割伤。

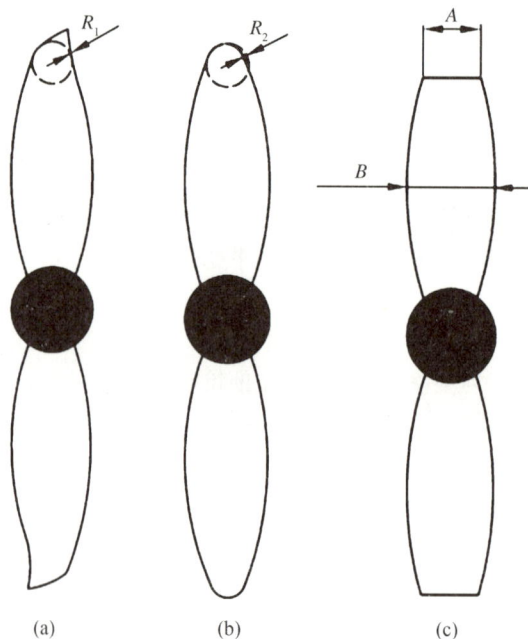

图 2-2-1　桨叶端部形状要求

6. 整机跌落

对于采用锂离子电池作为动力的微型和轻型无人驾驶航空器，整机跌落应满足以下要求：

（1）调节无人机驾驶航空器电池组至满电量的（30±2）%，无人驾驶航空器由 10 m 的高度自由垂直跌落，不出现爆炸或起火现象；

（2）如无人驾驶航空器带有降落伞等跌落保护措施，记录无人驾驶航空器开伞状态下最大跌落速度，将此速度折算为无人驾驶航空器不带保护措施情况下自由落体高度（称为等效高度），按等效高度展开跌落试验。

7. 动力能源系统

对于锂离子电池动力能源，其电池组应使用中文且至少标明以下标识。

（1）产品名称、型号。

（2）额定容量、额定能量、充电限制电压、标称电压。

（3）正负极性，使用"正、负"字样、"+、−"符号或不同颜色（例如红色和黑色）表示。

（4）生产厂商信息。

额定能量的标识值应满足额定能量的定义。

以上标识均应在电池组本体上标明，对于结构上能保证用户在任何使用情况下都不可能导致误插的产品，可不进行极性标识。

电池组的本体或最小包装上应有中文警示说明。

示例 1：禁止拆解、撞击、挤压或投入火中。

示例 2：若出现严重鼓胀，切勿继续使用。

示例 3：切勿置于高温环境中。

注：当电池组单独销售时，最小包装是指电池组的最小包装；当电池组和电子产品一起销售时，最小包装是指电池组或该电子产品的最小包装。

电池组保护电路应能发现电池的电压、温度和电流的异常状态，应遵照无人驾驶航空器保护策略作出控制或向无人驾驶航空器发出信号，在特殊情况下须待无人驾驶航空器降落并停止运转后再执行电安全保护动作，电池组的安全要求如下。

（1）静电放电：电池组应不起火、不爆炸、不漏液。

（2）过压、过流与反向充电保护：电池组应不起火、不爆炸、不漏液，应有启动保护动作。

（3）外部短路保护：电池组应不起火、不爆炸、不漏液，应有启动保护动作。

（4）过温保护：电池组应不起火、不爆炸、不漏液，应有启动保护动作。

（5）过载：电池组应不起火、不爆炸、不漏液。

（6）温度循环：电池组应不起火、不爆炸、不漏液。

对于氢燃料电池动力系统，电池动力系统应使用中文至少标明以下标识：

（1）产品名称、型号。

（2）额定电压、额定功率、电压输出范围、峰值功率。

（3）氢气入口、尾气出口。

（4）燃料电池安装使用方向。

（5）电气接口正负极性。

（6）生产厂商信息。

（7）在生产厂商规定的正常运行条件下，所设计的氢燃料电池动力系统的最大连续电输出功率。

以上标识均应在氢燃料电池动力系统本体上标明，对于结构上能保证用户在任何使用情况下都不发生误插的产品，可不进行极性标识。

氢燃料电池动力系统的本体上应有中文警示说明。

示例 1：触电危险。

示例 2：高温。

示例 3：易燃气体。

示例 4：高压气体。

燃料电池堆的控制电路应能发现燃料电池堆的电压、电流、温度及气瓶压力的异常状态，遵照无人驾驶航空器保护策略做出控制或向无人驾驶航空器发出告警信息，燃料电池堆的具体要求如下：

（1）外部短路保护：燃料电池堆应不起火、不爆炸、不严重漏气，应能发出相应的告警信息。

（2）气瓶压力不足保护：燃料电池堆应不起火、不爆炸、不严重漏气，应能发出相应的告警信息。

（3）过温保护：燃料电池堆应不起火、不爆炸、不严重漏气，应能发出相应的告警信息。

（4）过载：燃料电池堆应不起火、不爆炸、不严重漏气，应能发出相应的告警信息。

（5）燃料电池堆不严重漏气的判定标准为运行时氢气泄漏率不大于 0.5%。

对于燃油动力系统，其安全应满足：

（1）燃油动力系统可靠接地。

（2）燃油管路能防止机械杂质进入。

（3）燃油消耗所引起的无人驾驶航空器重心变化不超过无人驾驶航空器允许范围。

（4）燃油动力系统设置工作状态有显示与告警信息，以便机组人员及时获取动力系统状态信息。

8. 可控性

轻型和小型无人驾驶航空器的飞行控制系统应具备关键飞行参数的限制与保护的能力。关键飞行参数的限制包括最大飞行高度限制和最大平飞速度限制。

轻型和小型无人驾驶航空器控制与导航精度安全应满足：

（1）多旋翼无人驾驶航空器和无人直升机悬停时，水平保持精度小于或等于 2 m（RMS），高度（垂向）保持精度小于或等于 2 m（RMS），自动返航后，降落点位置精度小于或等于

5 m（RMS）。

（2）固定翼无人驾驶航空器巡航中，航迹水平保持精度小于或等于 5 m（RMS），高度（垂向）保持精度小于或等于 5 m（RMS）。

（3）无人驾驶航空器的水平定位精度小于或等于 10 m（RMS），无人驾驶航空器的真高（垂向）或离起飞点高度精度小于或等于 15 m（RMS）。

9. 防差错

无人驾驶航空器电池、电机、桨叶等部件的机械接口应具有防差错功能。

10. 感知和避让

机体没有配备桨叶保护装置的轻型和小型无人驾驶航空器，应具有感知和避让功能，包括障碍物感知、告警提示并采取自动悬停、避让或降落等措施。

11. 数据链保护

轻型和小型无人驾驶航空器应采用信息安全技术手段进行防护，防止链路非授权访问。

12. 电磁兼容性

轻型和小型无人驾驶航空器应能在其使用运行的电磁环境下保证系统安全工作，且不对公共电磁信号产生干扰，电磁兼容性应符合表 2-1-1 要求。

表 2-2-1　电磁兼容性要求

类型	项目	要求
发射	辐射发射	满足 GB/T 38909—2020 中 5.1 规定的限值
抗扰度	工频磁场	性能判据不低于 B 级，满足 GB/T 38909—2020 中 6.1 的规定
	射频电磁场辐射	性能判据不低于 B 级，满足 GB/T 38909—2020 中 6.1 的规定
	静电放电	性能判据不低于 B 级，满足 GB/T 38909—2020 中 6.1 的规定

13. 抗风性

轻型和小型旋翼类无人驾驶航空器应具备在持续风、阵风等不大于一定等级下保证飞行安全的能力，在飞行控制系统参与情况下，轻型旋翼类无人驾驶航空器在起降阶段应能抵抗 3 级风力，在飞行阶段应能抵抗 4 级风力；小型旋翼类无人驾驶航空器在起降阶段应能抵抗 4 级风力，在飞行阶段应能抵抗 5 级风力。

14. 噪　声

在铭牌或说明书上标识旋翼类无人驾驶航空器在悬停和典型飞行速度下的噪声测量结果，即归一化到离航空器 1 m 处的 A 计权声压级。其中噪声测试频率范围为 20～20 000 Hz。在飞行工况下，应标识测试时无人驾驶航空器的速度大小，单位为米每秒（m/s）。在表的最下栏还应标明测试环境为全消声室或者室外（见表 2-2-2）。如果测试环境为室外，还需说明场地特点，如水泥地、草地或者泥地等。

表 2-2-2　无人驾驶航空器噪声测量结果（归一化到离航空器 1 m 处）标识表

观测点	悬停	飞行（1 m/s）
地面观测点（垂直下方）	70.1 dB（A）	76.1 dB（A）
侧面观测点（等高平面）	80.1 dB（A）	79.1 dB（A）
注：测量环境为全消音室		

15. 灯　光

除用于集群表演和明确标识仅限昼间飞行的轻型和小型无人驾驶航空器，应安装航向灯光，并满足以下要求。

（1）航向灯的亮度和闪烁频率应保证在夜间 120 m 空中肉眼可见。

（2）在产品说明书中说明无人驾驶航空器灯光的用途和灯语释义。

（3）航向灯光不影响其他用途灯光的辨识性。

（4）航向灯如果是独立的则可采用任何颜色常亮灯或闪烁灯。

（5）航向灯如果和其他用途灯光共用同一光源时，航向灯应采用如红色、白色或绿色与其他用途灯光交替闪烁，其他用途灯光不限定颜色，但不应与航向灯用相同的颜色（如果在任何飞行状态下其他用途灯光均不影响航向灯的功能性，则本条不适用）。

16. 标　识

无人驾驶航空器唯一产品识别码满足以下要求：

（1）在无人驾驶航空器外包装和无人驾驶航空器机体不可分隔的部位表面，应清楚标有无人驾驶航空器唯一产品识别码。

（2）无人驾驶航空器唯一产品识别码应标识清晰、牢固、耐久且易于识别。

（3）无人驾驶航空器应支持在地面控制单元软件程序或独立操控软件中显示其唯一产品识别码，且同产品外包装、无人驾驶航空器机体表面所标识的编码保持一致；无人驾驶航空器唯一产品识别码的联网报送、广播报送要求应符合相关规定。

（4）无人驾驶航空器唯一产品识别码的编码规则应符合标准 GB/T 41300—2022 中第 5 章识别码结构的要求。

在无人驾驶航空器外包装的明显位置应标识守法运行要求和防范风险提示。有关提示信息的内容要素应包括但不限于：

（1）使用飞行器之前，请熟读用户手册及相关安全飞行指南。

（2）螺旋桨部件将可能导致伤害等对产品使用者年龄进行限制的信息。

在无人驾驶航空器机体上应明确标注无人驾驶航空器类别（微型、轻型和小型），无人驾驶航空器分类标识符号应清晰、牢固、耐久、易于识别，且应附着于一个不需要借助任何工具就能查看的不可分割的机体部件之上，具体见图 2-2-2。

（a）微型无人驾驶航空器　　　　（b）轻型无人驾驶航空器　　　　（c）小型无人驾驶航空器

图 2-2-2　无人驾驶航空器分类标识符

17. 使用说明书

应提供电子或纸质使用说明书，并在以下方面作出警示要求：

（1）操作程序。

（2）安全使用规则。

（3）故障处理说明。

（4）使用环境适应性要求（如雷暴、台风等安全警示）。

（5）描述安全性的警示语或图标。

针对无人机产品的 17 个方面的强制性技术要求，《民用无人驾驶航空器系统安全要求》（GB 42590—2023）给出了相应的试验方法。由于该部分内容难度较大，不在此赘述。有兴趣的或学有余力的同学，可以参见《民用无人驾驶航空器系统安全要求》（GB 42590—2023）中的相关内容。

【任务实施】

阅读《民用无人驾驶航空器系统安全要求》，按照学号顺序，给每位学生指派一个条款，让学生思考为什么要制定这个条款？为什么条款中的定量指标或者定性要求要如此规定？思考该条款的要求是否合理？

请分配到相同条款的同学交换意见，并将达成一致的回答讲解给其他=学生。

【课后习题】

1. 在无人机生产制造方面，工信部发布了哪些规章、规范性文件、政策性文件？

2. 为什么要制定《民用无人驾驶航空器系统安全要求》（GB 42590—2023）？该国家标准作出了哪些规定？

3. 如果你是无人机生产制造企业的管理人员，你会如何贯彻执行工信部发布的规章及规范性文件，又是如何贯彻执行强制性国家标准的？

4. 你认为在无人机生产制造方面还需要加强哪方面的监管？

5. 请写出无人机电子围栏的试验方法。

学习情境三　无人机如何适航监管

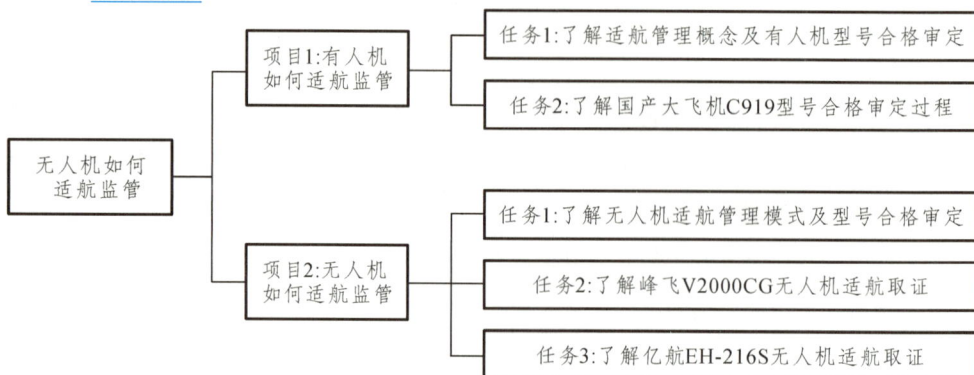

教学目标

知识目标

1. 了解有人机型号合格审定流程。

2. 掌握无人机型号合格审定流程。

3. 解国产大飞机 C919 和亿航 EH-216S 无人机适航取证历程。

能力目标

1. 能够阐述基于运行风险的无人机适航审定模式。

2. 能够简述不同类型无人机系统的适航管理方式。

3. 能够简要对比分析有人机和无人机适航管理的差异。

素质目标

1. 培育和弘扬大飞机创业精神。

2. 增强以"敬畏生命、敬畏规章、敬畏职责"为内核的敬畏意识。

授课建议

教学结构

```
                              ┌─── 项目1:有人机 ───┬─── 任务1:了解适航管理概念及有人机型号合格审定
                              │    如何适航监管    │
                              │                    └─── 任务2:了解国产大飞机C919型号合格审定过程
无人机如何 ───┤
适航监管                      │                    ┌─── 任务1:了解无人机适航管理模式及型号合格审定
                              │    项目2:无人机    │
                              └─── 如何适航监管    ├─── 任务2:了解峰飞V2000CG无人机适航取证
                                                   │
                                                   └─── 任务3:了解亿航EH-216S无人机适航取证
```

授课课时

项目 1 建议 2 课时，项目 2 建议 2 课时。

项目 1　有人机如何适航监管

让中国的大飞机翱翔蓝天，承载着国家意志、民族梦想、人民期盼。C919 大型客机研制成功并取得型号合格证，既是航空制造业的里程碑，也是民航适航审定事业的里程碑。本项目将带大家了解适航管理概念，包括适航的定义、初始适航和持续适航、型号合格证、生产许可证、单机适航证、型号合格审定，并重点学习国产大飞机 C919 的适航取证历程。

任务 1　了解适航管理概念及有人机型号合格审定

【任务相关知识】

一、适航管理概念

随着国家经济的发展，乘坐飞机出行已经逐渐成为一种主流的方式。我们在选择出行方式的时候，应首先关注的是安全，然后再看是否舒适、方便和经济。而作为保障最低安全的基础，"适航"就是其中的关键。

适航性是指民用航空器（包括其部件和子系统）的整体性能和操作特性在预期运行环境和使用限制下的安全性和物理完整性的一种固有品质。这种品质要求民用航空器始终符合其型号设计并处于安全可用状态，从适航管理的角度来看，民用航空器的适航性管理可分为两大类，一类是初始适航管理，另一类是持续适航管理。

初始适航管理是在航空器交付使用之前，适航部门依据各类适航标准和规范，对民用航空器的设计和制造所进行的型号合格审定和生产许可审定，以确保航空器和航空器的部件的设计、制造是按照适航部门的规定进行的。初始适航管理是对设计、制造的适航性控制。

持续适航管理是在航空器满足初始适航标准和规范、满足型号设计要求、符合型号合格审定基础，获得适航证、投入运行后，为保持它在设计制造时的基本安全标准或适航水平，为保证航空器能始终处于安全运行状态而进行的管理。持续适航管理是对使用、维修的适航性控制。

为了规范飞机的适航验证过程，民航局颁发了一套严格的适航标准和适航程序，来规范飞机制造人、审查人和运行人的行为，每一环节都有适航规章来限定，有适航程序对过程进行指导。例如，管理规章：CCAR21 部（民用航空产品和零部件合格审定规定），技术规章：CCAR23 部（正常类飞机适航审定规章），CCAR25 部（运输类飞机适航审定规章）等，维修类规章：CCAR145 部（民用航空器维修单位合格审定规定）等，运行类规章：CCAR91 部（一般运行和飞行规则），CCAR121 部（大型飞机公共航空运输承运人运行合格审定规则）等；适航管理程序 AP21-03 部（型号合格审定程序），AP21-31 部（生产批准和监督管理程序）等。

以运输类飞机（座位数超过 19 座）为例，简单描述一下飞机的全寿命适航管理过程。首先，飞机的设计需要满足 CCAR25 部等技术类规章的要求，并按照 AP21-03 的规定开展适航符合性验证过程管理，包括确定符合性方法（MC）、开展适航符合性验证活动，表明对于 CCAR25 部规章的符合性，民航局通过颁发型号合格证（TC）证明飞机的设计符合适航规章的要求。

其次，有了适航性的型号设计后，还要有一个有效的生产质量管理体系来保证持续生产出符合型号设计的产品，生产质量保证体系的建设需要符合 AP21-31 部的要求，局方通过颁发生产许可证（PC）的方式来认可和管理主机厂的生产质量体系。对于单机而言，局方通过颁发标准适航证（AC）的方式，对于单机适航性进行批准和确认。

具备以上条件后，飞机可以交付航空公司投入运行，航空公司引进一个新机型后，需要按照 CCAR121 部的要求，进行补充运行合格审定，例如一家航空公司有 A320 或者 737 机队，虽然 C919 飞机和前述两个机型类似，但是因为 C919 是一个新的型号，该航空公司要在完成针对 C919 的补充运行合格审定之后，才能将 C919 飞机投入商业运行。

投入商业运行后，主机厂持续监控飞机的运行过程，通过自我发现或者运行的反馈，对型号设计或者制造缺陷通过服务通告（SB）的方式进行修正，以保证飞机的持续适航性。

一款新飞机要想进入市场，必须取得型号合格证（TC）、生产许可证（PC）、单机适航证（AC）。

型号合格证（TC）是中国民航局对民用航空器（包括正常类、实用类、特技类、通勤类和运输类）、载人自由气球、特殊类别航空器、航空发动机、螺旋桨设计批准的合格凭证，代表了对一个型号的设计批准。

生产许可证（PC）是指 CAAC 对已获得民用航空器产品设计批准欲重复生产该产品的制造人所进行的资格性审定后的最终批准形式，以保证生产的产品符合经适航部门批准的型号设计。审查的主体是生产质量保证系统。

单机适航证（AC）分为标准适航证和特殊适航证，标准适航证适用于已获得型号合格证的航空器，特殊适航证适用于获得型号设计批准书的航空器，前者可用于商业运行，后者不得用于商业运行。

二、有人机型号合格审定

根据《型号合格审定程学》（AP-21-AA-2023-11-R1），民用有人机（以运输类飞机为例）的型号合格审定项目，从申请到颁证，审定过程包括表 3-1-1 所示的五个阶段。

表 3-1-1　民用有人机型号合格审定的五个阶段

审定阶段	内容
阶段一	项目受理和启动
阶段二	要求确定
阶段三	符合性计划制定
阶段四	符合性确认
阶段五	颁证

具体包括申请、受理、一般熟悉性介绍、组建型号合格审定委员会（TCB）、组建审查组、召开首次 TCB 会议、确定审定基础、审定计划的审查、确定局方审查重点和方式方法、制定制造符合性检查计划、完成审定计划或专项合格审定计划、符合性验证和确认、设计保证系统的要求和审查、最终 TCB 会议、型号合格证的颁发、完成型号合格审定总结报告、完成型号检查报告、证后管理等环节。

各个审定阶段的主要内容和关闭条件见表 3-1-2。

表 3-1-2　各个审定阶段的主要内容和关闭条件

阶段	一	二	三	四	五
描述	项目受理和启动	要求确定	符合性计划制定	符合性确认	颁证
主要内容	申请，受理，一般熟悉性介绍	首次 TCB 会议，审查组熟悉性会议	审查审定计划，确定局方审查重点和方式方法	审查组对申请人的符合性表明工作进行验证	最终 TCB 会议，颁证
关闭条件	受理申请，组建 TCB 和审查组	审查组完成技术熟悉工作，初步确定审定基础，相关问题纪要起草	完成审定计划或专项合格审定计划	完成局方验证和确认工作（文件评审、试验目击、审定飞行试验等）	完成型号审查报告，颁发型号合格证

由于有人机的型号合格审定并非本课程的重点内容，所以不在此赘述。有兴趣的或学有余力的同学，可以参见《型号合格审定程序》（AP-21-AA-2023-11-R1）。

【任务实施】

2 人一组，1 人扮演申请人、1 人扮演局方，一起阅读《型号合格审定程序》，划分申请人和局方在型号合格审定过程中的责任及工作内容。

任务 2　了解国产大飞机 C919 型号合格审定过程

任务 2 全内容扫码观看

项目 2　无人机如何适航监管

鉴于民用无人机数量大、型号多、构型各异的特点，有人机适航管理模式已然不再适用于无人机。民航局适航司创新提出基于运行风险的无人机适航管理模式，已向鸿雁 HY-100 型无人机、亿航 EH216-S 无人机颁发了型号合格证，正在开展峰飞 V2000 CG 等 20 多个型号的无人机型号合格审定工作。本项目将带领大家学习了解我国无人机适航管理模式，并以峰飞 V2000 CG 无人机、亿航 EH216-S 无人机为例，学习和了解无人机是如何适航取证的。

任务 1　了解无人机适航管理模式及型号合格审定

【任务相关知识】

一、基于运行风险的无人机适航管理模式

在国家简政放权、鼓励产业发展的大环境下，为促进国内民用无人机产业健康成长，民航局航空器适航审定司根据我国无人机发展现状和国际上基于风险的审定发展趋势，提出基于运行风险的无人机适航审定，并于 2019 年 1 月 23 日印发《基于运行风险的无人机适航审定指导意见》（民航适发〔2019〕3 号），从无人机实名登记现状、适航管理思路、指导原则、实施路线图等多个方面，对基于运行风险的无人机适航审定进行了阐述，指导开展无人机适航审定工作。

开展民用无人机适航审定，目的是从设计制造源头，确保民用无人机满足公众可接受的最低安全水平。目前，民航局已经建立了无人机实名登记制度，基本摸清了行业状况；启动了无人机适航审定试点，积累了实施经验；开展了国际交流，参与国际规则制定。

实名登记方面，民航局于 2017 年颁布了《民用无人驾驶航空器实名制登记管理规定》，随即上线了实名登记系统，实现了无人机及其拥有者有据可查，为全面掌握我国无人机总体情况打下良好基础，也为开展无人机适航管理乃至运行管理提供了有力支撑。试点

项目方面，在天域航通公司、易瓦特公司、朗星公司、航天时代飞鸿公司、亿航公司设立适航审定试点，重点探索货运无人机、巡线无人机、载人无人机的适航标准和审定办法，为开展无人机适航审定积累了经验。国际交流方面，通过参与国际民航组织遥控驾驶航空器专家组（RPASP）、FAA亚太合作伙伴框架下的无人机审定工作组（UCWG）和无人机规章制定联合体（JARUS）的工作，同各国各地区局方就无人机适航审定政策、适航标准进行了深入探讨，阐述了我方观点，介绍了我方经验。

通过总结实践经验和成果，民航局适航部门将针对无人机运行场景丰富、运行风险多样的特点，开展基于运行风险的民用无人机适航审定。建立风险评估方法，合理划分风险等级，实施分级管理；创新无人机适航管理办法，从条款审查向体系审查转变；坚持"工业标准→行业标准→适航标准"的正向审定路径，建立我国自主的无人机适航标准体系；厂家满足体系要求，无人机符合适航标准，即可颁发适航证件。从而形成"一种方法、一个体系、一套标准、一份证件"的民用无人机适航管理模式（见图3-2-1）。

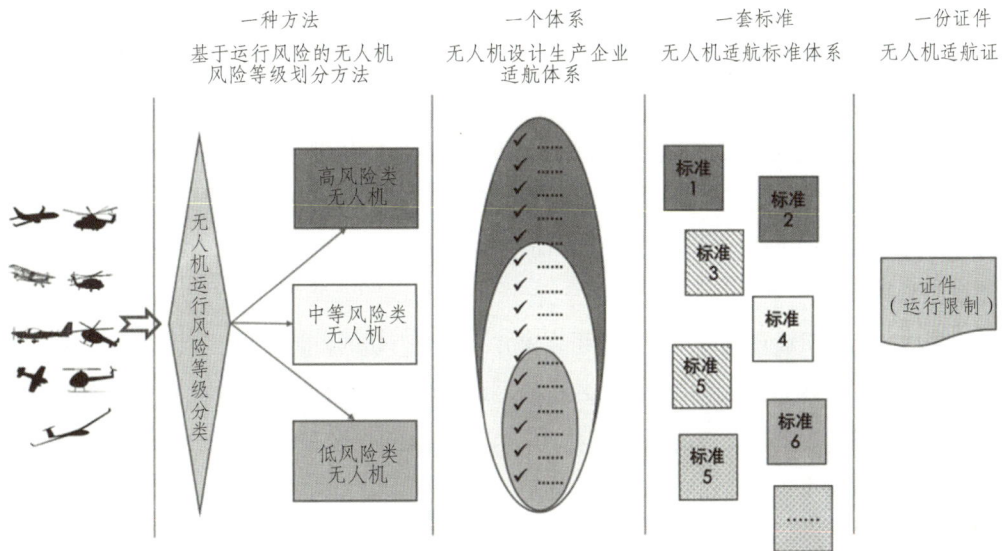

图 3-2-1　基于运行风险的无人机适航管理模式

（1）一种方法。

"四个一"中的"一种方法"是指判定民用无人机运行风险等级的风险评估方法。

民用无人机运行风险等级分为低中高三个等级。图中从左至右的色块依次表示低、中、高风险等级。无人机的运行风险主要指失控导致的碰撞风险，包括：①无人机撞击位于地面、与本次飞行无关的第三方，如人员、设施等，造成伤害；②无人机碰撞处于空中、与本次飞行无关的第三方，如有人机、其他无人机等。此外，还有诸如财产损失、噪声对环境/人的影响等等。

图3-2-2中纵坐标表示无人机能量，有关数据来自军用无人机型号的经验、无人机实名登记系统的数据、行业调研的反馈。图3-2-2中横坐标表示无人机运行场景所在环境，有关信息来源于我国空域分类和地理环境。

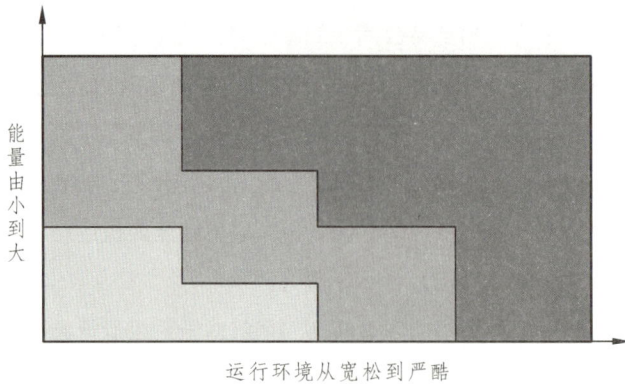

图 3-2-2　无人机运行风险等级矩阵

（2）一个体系。

"四个一"中的"一个体系"是指无人机设计制造厂家为了实现设计、制造符合适航标准要求的民用无人机产品而建立的管控体系。

民用无人机的型号多、迭代快、数量大，而且相当大的部分集中在中低风险类别，逐一开展型号、生产、单机的适航审查，对于申请人和局方均耗时耗力。变产品审查为体系审查是提纲挈领的有效模式。

局方将逐步把审查精力和重点向审查无人机制造厂家的设计、生产体系倾斜。体系审查将为无人机制造厂家建立一份能力清单，明确厂家可以获得的授权、应当承担的责任。体系审查并非增加一项审查负担，而是希望通过转变模式，向无人机设计制造厂家赋能放权。

同时，无人机设计制造厂家的体系要求并不是一刀切的，要根据厂家无人机产品的运行风险等级进行区分。生产低风险无人机的厂家的适航体系要求必然不能套用生产高风险无人机产品的厂家要求。

（3）一套标准。

"四个一"中的"一套标准"是指民用无人机应当符合的适航标准。

无人机型号多、迭代快，风险等级差异大，应用场景丰富，使用同一部规章约定所有技术要求的方式存在较大难度。风险等级低的无人机和风险等级高的无人机，技术要求应当有所不同。用于电力巡线的无人机和用于农林植保的无人机，技术要求也应当不同。

对于型号多、迭代快的问题，考虑到市场上已经有无人机型号突破了传统上固定翼、旋翼的构型（如多旋翼、倾转旋翼），而且许多在研产品都在尝试其他新型气动布局，同时动力形式也变得多种多样（如电动、混动），为了适应技术创新并为之预留空间，无人机适航标准应当在关注构型差异的基础上，更多地从基于性能的角度提出要求。此外，为了快速响应技术发展，应当发挥民航行业标准、规范性文件编制修订周期较短的特点，针对无人机特有技术、特定构型或者特定设计特征等制定技术标准。

总体上，无人机的适航标准应当是一套技术规章和标准组成的标准体系，顶层是基于性能的适航标准，底层是面向无人机特有技术、特定构型或设计特征的支撑性技术标准。

后者也可以被视为前者的符合性验证依据。同时，适用特定行业应用的标准、适用低风险无人机的标准能更有针对性地解决特定问题。

对于全新研制的无人机，需要全面考察适航标准的符合性。对于由已取得适航批准的有人机改装而成无人机，在评估改装风险（如结构、性能等）的基础上，重点考察改装部分涉及的适航标准符合性。

适航标准本质上来自工业实践，是在对工业实践应当满足的最低安全水平达成一致基础上的归纳和提炼。局方将坚持"工业标准→行业标准→适航标准"的正向审定路径，建立我国自主的无人机适航标准体系。

（4）一份证件。

"四个一"中的"一份证件"是表明民用无人机符合适航标准、具备适航性的证件。

不同风险等级的无人机，应当达到的安全性水平也不同。对于低风险等级的无人机，局方原则上不对该类无人机进行型号设计评审，而是重点开展单机适航检查。对于从事高风险运行的无人机（如货运无人机、载人无人机），则有必要评审型号设计和生产制造。制造厂家完成适航标准的符合性验证与表明工作，由局方进行符合性确认。对于从事中等风险运行的无人机，局方在对项目进行评估后，确定是否有必要进行型号设计评审，同时确定介入程度。局方向通过上述审查的民用无人机颁发适航证件。

由于无人机的适航标准正在积极编制中，本着成熟一块使用一块的原则，有关审定审查中，对于成熟的某个专业的技术标准，要先行审查；对于尚不成熟的那些专业的技术标准，则是通过使用限制加以约束，配合民航局颁发的试运行管理规程，使得企业可以有条件地使用无人机。

案例链接 3：全国首个大型无人机设计生产批准函

案例链接内容扫码观看

案例链接 4：天域航通鸿雁（HY100）大型无人机系统颁发型号合格证

案例链接内容扫码观看

根据《民用无人驾驶航空器系统适航审定管理程序》（AP-21-AA-2022-71），民用无人驾驶航空器系统（以限用类为例）的型号合格审定流程可以分为十三个部分，包括申请、受理、熟悉性介绍、组建审查组、设计保证系统的审查、确定审定基础、审定计划和符合性方法、制造符合性检查、符合性验证和确认、最终全面评审、设计批准证书的颁发、文件存档、证后管理。

（一）申 请

限用类民用无人驾驶航空器系统型号合格证、补充型号合格证的申请人应向所在地区管理局提交下列申请材料：

（1）按规定格式填写的申请书。

（2）设计保证系统的符合性说明，或建设情况说明。

（3）产品的设计说明、主要技术数据、预期的运行场景及与之对应的风险类别和使用限制，所装发动机的设计特征、工作特性曲线和使用限制说明，所装螺旋桨的设计特征、工作原理和使用限制说明。

（4）申请补充型号合格证时，应当提交型号设计更改内容说明。

（5）建议的审定基础。

（6）建议的审定计划。

（二）受 理

局方在收到申请人提交的申请书后五个工作日内，组织完成对申请材料的评审。对于申请材料不齐全或者不符合格式要求的，应一次性书面通知申请人需要补正的全部内容。申请材料齐全或者申请人按照局方通知提交全部补正材料的，局方将受理申请，并书面通知申请人。不予受理的，将书面说明理由。

申请人收到受理通知书后，应当按照受理通知书的要求，交纳相关审查费用。

限用类民用无人驾驶航空器系统型号合格证、补充型号合格证的申请书有效期为三年，自申请之日起计算。

（三）熟悉性介绍

申请人缴纳相关审查费用后，根据项目复杂程度，局方可要求申请人对项目做熟悉性介绍，包括民用无人驾驶航空器系统的总体情况、预期的运行场景及与之对应的风险类别和使用限制，特殊的产品特性、申请人设计保证系统的建设情况和项目的进度计划等。熟悉性介绍的目的是让局方熟悉该产品的设计和项目，以便确定审查组的人员配置及与风险相匹配的项目审查方式。

对于设计简单、申请材料已足够详细或局方已足够熟悉的项目，可不要求申请人进行熟悉性介绍。

（四）组建审查组

审查组是型号合格审定项目的审查团队，负责项目的具体审查工作。局方应针对每个项目成立审查组，审查组通常由一名组长和若干名审查代表组成，其组成应综合考虑项目的设计特点、进度安排和申请人的经验、能力等因素。

（五）设计保证系统审查

（1）审查组综合使用文件评审、人员面谈和现场评审三种方式开展设计保证系统审查。文件评审是审查组对申请人提交的《设计保证手册》及其程序文件进行评审。《设计保证手册》及其程序文件应覆盖申请人所从事的型号设计、符合性验证、符合性核查和独立监督等活动。审查组通过书面形式记录审查过程中发现的问题，申请人针对审查中发现的问题完善相关文件内容，直至审查组确认《设计保证手册》及其程序文件符合适航规章和本程序对申请人设计保证系统的要求。

（2）审查组结合申请人的《设计保证手册》及其程序文件对责任经理、适航经理和符合性核查工程师的资质要求，开展与责任经理、适航经理及符合性核查工程师推荐人员的面谈。通过面谈评估上述人员的工作能力，并将面谈情况进行记录。人员面谈情况将直接影响审查组对申请人设计保证系统的具体授权范围。

（3）在完成文件审查和人员面谈，并确认申请人满足设计保证系统相关要求后，审查组以批准《设计保证手册》的形式，认可申请人的设计保证系统，确定申请人设计保证系统的授权和限制，同意设计保证系统试运行，并在产品型号审定过程中发挥作用。

（4）审查组结合民用无人驾驶航空器系统型号合格审定过程，开展申请人设计保证系统的现场审查。现场审查应确认申请人设计保证系统的有效性，以及申请人设计保证系统各项流程执行的稳定性，确保经过审查评估的各项流程可以稳定地获得输入并且形成预期的输出。如审查组在现场审查过程中发现问题，应使用书面形式记录，并通知申请人针对审查中发现的问题更改和完善设计保证系统。

（六）确定审定基础

审定基础包括针对该类别民用无人驾驶航空器系统的适用适航标准，以及民用航空规章中适用于民用无人驾驶航空器系统的噪声、燃油排泄和排气排出物等环境保护要求，是设计批准的依据。在双方对被审定产品或设计更改的设计特性理解一致的基础上，根据申请人的建议，审查组确定审定基础，并得到申请人的同意。

在局方已颁布了该类别民用无人驾驶航空器系统适航标准的情况下，对于首次型号合格证申请，适用的适航标准和环境保护要求为申请之日有效的版次。对于设计更改，按照《航空产品设计更改审定基础的确定程序》（AP-21-36）确定审定基础。

对于限用类民用无人驾驶航空器系统，在其运行场景明确的前提下，首先识别出与之对应的运行风险，在此基础上，对局方已颁布的适航标准进行适用性评估，同时增加针对民用无人驾驶航空器系统特有的遥控台（站）、数据链路等方面的要求，构成项目的审定基础。

在局方尚未颁布针对该类别民用无人驾驶航空器系统适航标准的情况下，局方以项目专用条件的形式固化上述适用要求，审查组使用问题纪要将其最终确定为项目审定基础。随着项目审定实践的积累，局方将总结提炼有关专用条件，逐渐形成该类别民用无人驾驶航空器系统的适航标准。

（七）审定计划和符合性方法

对于申请限用类民用无人驾驶航空器系统设计批准的项目，申请人应提交建议的审定计划。编制审定计划的目的是确保审查组与申请人在对审定资料有相同的基本理解的基础上开展工作。审定计划应包括以下内容：

（1）设计方案或设计更改方案的说明，预期的运行场景、建议的使用限制的说明。

（2）建议的审定基础，包括建议的适航标准和环境保护要求，以及专用条件。

（3）建议的符合性方法、验证思路和符合性检查清单，符合性检查清单应覆盖所使用的符合性方法和相应的符合性文件。

（4）建议的局方审查范围、深度及对申请人设计保证系统的授权范围和限制，并给出建议的说明。

（5）项目里程碑计划。

（6）双方责任人。

审定计划是一份动态文件。在项目起始阶段尚不具备所需要的信息时，审定计划可以逐步制定，并随着项目进展细化完善。

型号合格审定过程中，申请人用来表明型号对审定基础符合性的方法称为符合性验证方法（简称为符合性方法）。符合性方法可汇总为下述十种。在审定过程中，申请人针对审定基础的具体要求，选取其中的一种或多种的组合来表明符合性。

符合性方法的代码、名称和相关符合性文件如表 3-2-1：

表 3-2-1　符合性方法的代码、名称和相关符合性文件

符合性类型	符合性方法	使用说明	符合性文件示例
工程评估	MC0：符合性说明，引用型号设计文件，选择方法、系数等，定义	通常在符合性记录文件中直接给出	型号设计文件、记录的说明
	MC1：设计评审	如技术说明、安装图纸、计算方法、技术方案、航空器飞行手册等	说明、图纸
	MC2：分析/计算	如载荷、静强度和疲劳强度，性能，统计数据分析，与以往型号的相似性等	验证报告
	MC3：安全评估	如功能危害性评估（FHA）、系统安全性分析（SSA）等用于规定安全目标和演示已经达到这些安全目标的文件	安全分析

符合性类型	符合性方法	使用说明	符合性文件示例
试验	MC4：试验室试验	如静力和疲劳试验、环境试验等，试验可能在零部件、分组件和完整组件上进行	试验大纲、试验报告、试验解释
	MC5：相关产品上的地面试验	如旋翼和减速器的耐久性试验，环境等试验……	
	MC6：飞行试验	规章明确要求时，或用其他方法无法完全演示符合性时采用	
	MC8：模拟器试验	如评估潜在危险的失效情况，遥控台（站）评估	
检查	MC7：设计检查	如系统的隔离检查，维修规定的检查	检查报告
设备鉴定	MC9：设备鉴定	设备鉴定是个可能包含上述所有的符合性方法的流程	

限用类民用无人驾驶航空器系统的申请人可以根据该系统的设计特征和分级分类，提出新的符合性方法，在与审查组达成一致后，使用问题纪要予以记录。

（八）制造符合性检查

申请人负责确认用于生成符合性数据的试验产品，并对这些试验产品进行 100% 的制造符合性检查。

对于纳入局方审查范围的试验，申请人应向审查组出具试验产品的制造符合性声明，审查组识别对试验结果关键的特征、属性和部件，并结合申请人制造符合性检查的质量，确定审查所需的制造符合性检查的最低量，进行局方制造符合性检查。局方制造符合性检查是对申请人制造符合性的确认，具有质量保证和工程确认双重目的。

从完成制造符合性检查至开展符合性验证试验前，不得对试验产品、试验装置进行更改。如有任何更改，必须更新制造符合性声明。

（九）符合性验证和确认

申请人应按照审查组批准的审定计划表明型号设计对审定基础的符合性。审查组根据审定计划确定的局方审查范围和深度，开展符合性确认工作，验证型号设计对审定基础的符合性。

1. 工程验证试验

设计批准审定过程中的试验分为工程验证试验和飞行试验。典型的工程验证试验有零部件鉴定试验、系统功能试验、铁鸟试验、疲劳试验、燃烧试验、起落架落震试验、地面振动试验、电磁干扰试验以及地面验证试验等。

2. 工程符合性检查

当不能通过审查图纸或报告来确定产品的设计及安装的某方面对审定基础的符合性时，应当进行工程符合性检查。

（1）工程符合性检查用于确定设计对于适用要求的符合性，审查产品上的安装及其与其他安装之间的关系。通过工程符合性检查，确保系统和部件之间相互协调并满足适用的适航标准。

（2）进行工程符合性检查之前，必须确认被检查的对象符合其型号设计。审查代表应作好工程符合性检查结果的记录。典型的检查类型如下。

① 操纵系统检查：进行操纵系统的工程符合性检查，以确认操纵的灵活性、操纵元器件的强度、干涉检查或操纵系统元器件连接处的偏转情况。

② 防火检查：易燃流体对防火要求的符合性需要用检查来确保易燃流体输送管道与点火源保持了合适的分离和隔离。

③ 系统管线敷设检查：液压和电气系统的管线敷设需要用检查来确保管路和线路得到了适当的支撑固定和隔离。

3. 工程分析

工程分析是生成符合性验证数据或资料活动中的一个重要组成部分，包含分析手段涉及的所有方面，如教科书里的公式、计算机的运算法则、计算机建模/模拟或结构化的评估。通常局方只批准分析的结果数据而不批准分析用的手段，因此申请人必须表明数据是有效的。审查代表在审查工程分析时，要负责检查确认数据的准确性、适用性以及所做的分析没有违背原问题的假设条件。

4. 飞行试验

申请人在生成符合性资料的飞行试验中收集并分析飞行试验的数据资料，形成飞行试验报告供审查组审查。飞行试验报告应由申请人的试飞员签署。申请人的飞行试验报告除要满足关于试验报告的要求外，还应按适用适航规章的要求说明试飞仪器的校准以及试验结果修正到标准大气条件下的有关计算和试验。局方试飞用于核查申请人所提交的飞行试验数据，评估民用无人驾驶航空器系统的性能、飞行操纵、操纵品质和设备的工作情况，并确定使用限制、操作程序和提供给驾驶员的信息。局方试飞可以采取局方试飞人员操作或目击的方式。对于与申请人共同开展的并行飞行试验，可从该飞行试验获取符合性验证的数据资料。

5. 申请人提交符合性报告

符合性报告是申请人表明型号设计对审定基础符合性的一种途径。充分的符合性报告是让审查代表信任其符合性声明的有力证据。符合性报告应提供相关的证据，包括工程验证试验、工程符合性检查、工程分析、表明符合性的飞行试验等活动中形成的证据资料，按照从适航要求出发直到产生符合性声明结论这样一个逻辑顺序，解释说明证据的内在联系，进行符合性论证。当符合性论证足以令审查代表信服适航要求已经得到满足时，申请人就表明了相关的符合性。在制定审定计划时，申请人应与审查组就应编写的符合性报告达成一致意见，并列入审定计划和符合性检查清单中。

6. 审查型号资料

审查代表根据审定基础和批准的审定计划，对申请人提交的型号设计资料和符合性验证资料进行工程审查，重点审查型号设计是否存在不安全因素、设计特性是否能得到充分的检查和试验。审查过程中，审查代表用型号资料评审表记录审查过程作为审查工作记录，同时使用该表向申请人反馈对型号资料的审查意见。对于发现的重要的或有争议的问题，由审查代表填写问题纪要。

对于批准的型号资料，使用型号资料批准表进行批准。

7. 审批持续适航文件

审查组负责审查并在设计批准颁发前批准下列持续适航文件（ICA）或包含相应内容的等效文件：

（1）适航性限制要求，包括适航限制项目（ALI）和审定维修要求（CMR）。

（2）结构修理手册（SRM）。

（3）载重平衡手册（WBM）。

对于其他持续适航文件，若在颁发设计批准时未完成审批，申请人须提交完成计划，确保在颁发适航证前得到批准或认可。

8. 审批《民用无人驾驶航空器系统飞行手册》

必须为每一民用无人驾驶航空器系统制定《民用无人驾驶航空器系统飞行手册》，供操控人员使用。《民用无人驾驶航空器系统飞行手册》包含了有关使用限制、操作程序、性能以及配载方面的数据资料。

《民用无人驾驶航空器系统飞行手册》包含的民用无人驾驶航空器系统使用限制主要有：

（1）运行场景限制，包括人口密集程度、隔离飞行等。

（2）空速限制，当空速限制是重量、重量分布、高度和马赫数的函数时，必须制定与这些因素的临界组合相应的限制。

（3）最大使用限制速度、机动速度、襟翼展态速度、最小操纵速度、起落架收放速度等的限制规定。

（4）重量、重心和配载分布的限制。

（5）动力装置和辅助动力装置的限制。

（6）最大使用高度、机动飞行载荷系数以及附加使用限制等。

《民用无人驾驶航空器系统飞行手册》必须含有在该民用无人驾驶航空器系统使用范围内的性能资料，主要项目如下（如适用）：

（1）与性能有关的各种速度。

（2）失速速度。

（3）起飞、着陆距离。

（4）民用无人驾驶航空器系统重要的或不寻常的飞行或地面特性的解释等。

《民用无人驾驶航空器系统飞行手册》关系到民用无人驾驶航空器系统飞行限制、正常和应急飞行程序，是与民用无人驾驶航空器系统使用、运行安全相关的资料。申请人编写的《民用无人驾驶航空器系统飞行手册》及其修订或补充由审查组批准。

（十）最终全面评审

审查组在向批准成立审查组的单位提交建议颁发设计批准的报告前，应完成下述工作：

（1）对型号资料的审查状态进行核查，保证所有型号资料（包括纳入局方审查范围的和授权申请人的设计保证系统负责的）已经获得审查认可或批准，所有纠正措施已经得到落实。

（2）用符合性检查清单对所有审定基础的符合性进行核查，所有不符合审定基础的事项必须都已解决。

（3）确认所有问题纪要均已关闭。

（4）确认申请人提交了设计符合性声明。

（5）起草型号合格证/补充型号合格证的数据单。

（6）对设计保证系统给出最终审查结论。

（7）编写型号审查报告。

（十一）设计批准证书的颁发

审定工作结束后，审查组将向局方提交建议颁发设计批准证书的报告，并附上审查组的审查报告。局方对建议报告进行审核，对于同意批准设计的，在10个工作日内向申请人颁发设计批准证书；对于不同意批准设计的，局方书面通知申请人并说明理由。

（十二）文件存档

审查组应在颁发设计批准证书后六个月内，将型号合格审定中产生的各种文件及记录（纸质文件或电子版）交由批准成立审查组的单位归档，包括型号合格证和数据单复印件、补充型号合格证和数据单复印件、项目申请书和申请资料及受理通知书、问题纪要、审定计划、型号资料评审表、型号资料批准表、试验观察报告、试验观察问题记录单、局方试飞报告、飞行手册批准页复印件、型号审查报告。项目文档应保存至所有受影响产品永久退役。

设计批准证书持有人必须妥善保存相关的型号设计资料（设计数据、图纸、工艺、材料规范、使用限制等）、符合性验证资料（试验大纲、试验和分析报告等）、飞行手册的批准页和所有版本、持续适航资料所有版本、服务通告（安全通告/通知）。

（十三）证后管理

1. 持续适航

证后管理部门通过识别和评估在产品制造和使用过程中出现的工程问题和使用困难等安全性问题，制定和实施纠正措施（包括型号设计更改的控制与管理，适航指令的编制与管理、监督检查），监督设计批准证书持有人保持已获批准的产品、零部件或设备的安全性。

2. 设计保证系统的持续监督

（1）设计保证系统的持续监督活动可以以文件评审和现场监督两种方式进行。原则上至少每两年进行一次现场监督。持续监督活动应在三年内覆盖整个设计保证系统。设计保证系统的持续监督活动按照计划组织监督工作，通过设计大改的批准、持续适航活动、抽样检查或新型号的申请来观察设计保证系统的运行效果，定期检查时考虑设计保证系统独立监督职能的内部监督活动，定期检查完成后需要完成年度监督报告，并跟踪对监督过程中发现问题的纠正措施。

（2）设计保证系统的变更。

在型号合格证或补充型号合格证颁发之后，设计保证系统的变更应向证后管理部门报告。证后管理部门应当对设计保证系统变更情况进行评估，确认是否为设计保证系统的重大变更。

当设计保证系统发生变更时，独立监督职能人员应对变更的情况及其影响进行评估，并将评估结果报告责任经理，以确定应对的措施。持证人应在评估的基础上，确定是否修订《设计保证手册》，并将相应的更改提交局方批准，以便局方决定是否接受设计保证系统的重大变更，以及相应增加或减少授予持证人设计保证系统的权利与限制。

【任务实施】

1. 阅读《民用无人驾驶航空器系统适航审定管理程序》（AP-21-AA-2022-71），填写下表中的空格。

民用无人驾驶航空器系统的设计批准、生产批准、适航批准简表

类别	设计批准	生产批准	适航批准
正常类和运输类民用无人驾驶航空器系统	型号合格证、补充型号合格证依据《型号合格审定程序》（AP-21-11）、《民用航空产品补充型号合格证和改装设计批准书合格审定程序》（AP-21-14）的适用部分，并结合本程序的适用要求	生产许可证依据《生产批准和监督程序》（AP-21-31）的适用部分	标准适航证依据《民用无人驾驶航空器系统适航审定管理程序》（AP-21-71）
限用类民用无人驾驶航空器系统			
中型农用民用无人驾驶航空器系统			

2. 阅读《民用无人驾驶航空器系统适航审定管理程序》（AP-21-AA-2022-71），画出限用类无人机适航审定流程图。

任务 2　了解峰飞 V2000CG 无人机适航取证

【任务相关知识】

一、峰飞 V2000CG 无人机简介

峰飞航空科技致力于为全球客户提供安全可靠的空中物流运营系统和空中立体出行解决方案。在德国成立了欧洲适航中心，在美国建有北美商业中心，研发制造中心则位于中国。

根据"由小到大、由物到人"的战略规划，峰飞的 eVTOL 航空器已经完成过万架次的转换飞行，率先在海岛物流、紧急物资运输、商业物流等场景实现 eVTOL 技术的应用落地。

峰飞航空科技具备强大的垂直集成能力，飞控航电、三电及核心零部件均具有完全自主知识产权，掌握超高功重比电机电控和大型机身轻量化高强度碳纤维复材核心技术。

公司设计制造的 V2000CG 型号是一款全电动垂直起降民用无人驾驶航空器系统包括：无人驾驶航空器、地面控制站和数据链路。航空器结构上采用全复合材料一体成型机体结构形式复合翼翼面布局，独立货舱设计，以及用于地面停放和移动的前三点式固定起落架。

航空器的基本参数如下：

（1）最大起飞重量：2 000 kg。

（2）最大有效载荷：400 kg。

（3）巡航速度：200 km/h。

（4）最大航程：200 km。

（5）最大旋翼飞行高度：2 800 m。

（6）最大固定翼飞行高度：3 000 m。

（7）外形尺寸：11.2 m（机长）×14.5 m（翼展）×3.4 m（高度）。

图 3-2-3　峰飞 V2000CG 无人机

二、峰飞 V2000CG 无人机适航取证历程

2022 年 9 月 27 日，峰飞向民航华东地区管理局提交了 V2000CG 凯瑞鸥无人驾驶航空器的型号合格证申请。

2022 年 9 月 29 日，民航华东地区管理局 V2000CG 型号合格证受理申请通知书，受理编号 NATC0145A。

中国民用航空局

受 理 申 请 通 知 书

受理编号：NATC0145A 日期：2022 年 09 月 29 日

1. 申请单位名称：上海峰飞航空科技有限公司
   地　　址　：上海市金山工业区广业路 585 号 1 幢 306 室
   邮政编码　：201500

2. 申请理由：
V2000CG (V2000CG) 型号合格证首次申请项目

3. 申请日期：2022 年 09 月 27 日

4. 受理意见：
同意受理

职　务：
受理部门：[illegible]航华东[illegible]区管理局[illegible]航审定处

图 3-2-4　局方受理通知书

中国民航局成立“峰飞 V2000CG 无人机型号合格审查组”，于 12 月 13 日在峰飞昆山研发和制造基地成功召开型号合格审定首次会议，正式开启 V2000CG 的 TC 审定工作。

中国民航华东地区管理局副局长、民航局适航司处长等局方领导莅临会议，江西监管局、山东监管局和民航科研院所的二十多位审查组代表，以及峰飞航空科技的相关领导共同参加了会议。

会上，峰飞航空科技全面汇报了公司设计保证系统、V2000CG 型号设计及运行说明、审定基础及取证计划，并展示了型号审定计划和条款符合性检查单。审查工作组代表对型号新颖的设计特征、审定基础条款的合理性以及符合性验证考虑等提出了相关意见和建议，为型号设计熟悉和审定基础的全面确定打下基础。

中国民航局华东地区管理局副局长表示，审查组将与峰飞航空科技一起探索大型无人驾驶航空器的适航审查方式和方法，提炼适航标准，创新适航取证和审查技术，共同推动中国 eVTOL 自动驾驶航空器行业发展。

2023 年 5 月 29 日，民航局适航司发布通知，就峰飞 V2000CG 型无人驾驶航空器系统型号合格审定项目专用条件征求意见，意见征集期为 15 个工作日。据通航圈了解，V2000CG 是首款获中国民航局正式受理型号审定申请的 2 000 kg 级载物 eVTOL 飞行器。因此，该专用条件也将成为首款 2 t 级载物 eVTOL 的适航审定专用条件，是继吨级固定翼大型无人运输机 TP500 的适航审定专用条件征求意见稿之后民航局适航司发布的又一无人驾驶航空器系统型号合格审定项目专用条件。

2023 年 5 月，民航局 V2000CG 合格审查组批准了峰飞 V2000CG 型号无人驾驶航空器系统审定计划（CP）和审定基础条款符合性检查单（"一份计划" + "一张检查单"），标志着该型号适航审定从"符合性计划制定"阶段正式进入"符合性确认"阶段。

按照 CAAC 中国民航局适航程序，CP 和条款符合性检查单获得局方批准代表着审查组和申请人对 V2000CG 型号符合性规划、条款符合性方法、里程碑适航工作等基本达成一致意见。

在"符合性确认"阶段，审查组将对申请人的符合性工作开展检查和确认。接下来，型号升力/推力系统、结构强度、电池系统、航空电子、飞行性能等各个专业的符合性验证工作将按照"一份计划"和"一张检查单"中的规划全面推进。

适航取证工作是保证航空器安全的初始关口，峰飞高度重视并按照民航适航标准开展体系完善与适航符合性验证。国内适航团队由具有十多年 CAAC 适航审定经验的专家领衔，适航团队成员具有 ARJ21-700、C919 飞机、钻石 CA42 等型号适航取证经验。

在国外，峰飞欧洲研发与适航中心总经理带领适航团队，全力推进载人飞行器盛世龙的适航取证工作，目前，盛世龙的 TC 申请已被欧洲航空安全局受理（EASA）。

2023 年 5 月 29 ～ 30 日，在峰飞昆山研发与生产基地，V2000CG 首项验证试验（MC4-试验室试验）——推力电机及控制系统的地面功能试验顺利通过民航局局方制造符合性检查和试验目击。

推力电机及控制系统的地面功能试验，是为了在系统层级全面验证电机及控制系统的输入输出功能以及超速、温度保护等安全特性的重要试验，以表明对型号审定基础要求及问题纪要 IP 的符合性。

在试验前，V2000CG 型号合格审查组工程审查代表完成了对功能试验大纲及相关设计资料的批准；制造检查代表对试验件开展了多项生产工艺和验收试验项目（ATP）的制造检查，签发了制造符合性标签（CAAC 表 AAC-038），并针对试验设备和试验件安装完成了制造符合性检查。

动力和电气组审查代表全程目击了试验，各测试科目、试验记录及数据处理严格按照试验大纲进行。在试验总结会上，动力和电气专业组组长对各审查代表和申请人通力配合高效完成该项试验审定工作表示肯定。

V2000CG 型号适航取证工作正按照审定计划（CP）和条款符合性检查单中的规划全面加速推进，此次推力系统功能试验的顺利完成，为进一步开展系统集成及整机级验证工作奠定了基础。

峰飞航空科技将继续在 V2000CG 型号审查组的指导下，扎实推进各项适航取证工作，尽快实现 V2000CG 型号合格取证的目标。

2023 年 7 月 22 日，峰飞航空科技 V2000CG 动力系统高原测试圆满完成。本次测试行程超过 8 000 km，用时 14 天，从 0 米海拔到 4 800 米海拔，共选取了 10 个海拔点，采样了 30 余组数据。

动力系统的高原试验是系统层级的研发测试项目，可以更准确地获得升力/推力电机在不同海拔（高海拔）条件下电机拉力和功率特性，对前期在试验室完成的动力系统的输出特性进行校准。

本轮高原试验，标定了不同湿度、温度、气压情况下的电机-螺旋桨气动模型，验证动力系统在多种环境下的可靠性。V2000CG 动力系统经历了沙漠、戈壁、草原、雨林、雪山等自然环境考验，仍工作良好。

本次测试后峰飞可以利用不同高原条件的实测动力特性，更新整机飞行性能分析，为后续开展航空器整机高原试飞作好准备。此外，峰飞的研发测试团队在艰难的环境中刻苦钻研，体现了极高的专业素质，并积累了高原高温工作经验。

目前，V2000CG 适航验证工作正在加速进行，型号升力/推力系统、结构强度、电池系统、航空电子、飞行性能等各个专业的符合性验证工作正在按照规划全面推进。

2023 年 12 月，峰飞航空科技三架 V2000CG 原型机在三地同步开展专项符合性验证试飞——甘肃高原性能试飞、江苏北部性能试飞、江苏昆山可靠性试飞，局方审查代表分别开展了各架机制造符合性检查、适航挂签及现场试飞目击，全面冲刺型号适航取证目标。

1 561 m 高海拔性能试飞在甘肃开展，测试科目包括多旋翼悬停、最小安全速度、固定翼爬升性能、失效起飞和着陆等。通过高原性能试飞，全面验证了不同起降海拔、飞行高度、飞机重量以及温度等组合因素对多旋翼起降、转换飞行特性以及固定翼飞行特性的影响。

在苏北的性能试飞，包括空速校准测试、多旋翼悬停性能测试、中断起飞、中断着陆等试飞科目。值得一提的是，性能试飞科目不仅包括了完整构型下的性能试飞，还考验了临界单升力桨、单推力桨失效情况的飞行性能。

目前，V2000CG 设备级、系统级和结构部件级的符合性验证试验项目已基本完成：

（1）V2000CG 顺利通过了全机结构静强度试验-飞行平台的限制载荷试验和极限载荷工况，以及复材桨叶抗离心力强度试验。

（2）电池系统地面试验参照 DO-311A，DO-160G 等标准，进行了电池系统的设备环境鉴定试验、系统安全性试验等，证明 V2000CG 电池系统具备航空级别的电性能、环境适应性和安全性。

（3）动力系统地面相关试验已完成设备环境鉴定试验、地面功能试验、校准试验以及耐久性试验等。此外，航电系统各设备环境鉴定试验、硬件在环功能试验、系统级电磁兼容性试验也已完成。

峰飞坚持按民机研制流程正向研发、按照型号审定基础全面验证，保障 eVTOL 航空器的安全可靠性。

目前，峰飞已有三架 2 t 级 eVTOL 原型机获得了民航华东地区管理局颁发的特许飞行证。这不仅为 V2000CG 航空器飞行安全和符合性验证试飞工作的有效性提供了保障，也体现了民航华东局对航空器研发制造单位创新发展的支持。

按照型号合格审查组批准的审定计划，目前 V2000CG 型号适航验证试验已经完成三分之二，后续峰飞也将继续全力推进相关工作，当前已抵达青海准备进行海拔 2 906 m 高高原试验。

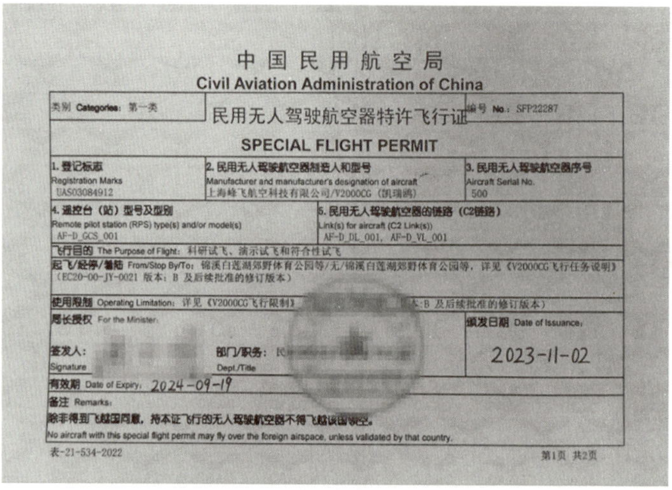
中国民用航空局
Civil Aviation Administration of China

类别 Categories：第一类　　民用无人驾驶航空器特许飞行证　　编号 No.：SFP22287

SPECIAL FLIGHT PERMIT

1. 登记标志 Registration Marks：UAS03084912
2. 民用无人驾驶航空器制造人和型号 Manufacturer and manufacturer's designation of aircraft：上海峰飞航空科技有限公司/V2000CG（凯瑞鸥）
3. 民用无人驾驶航空器序号 Aircraft Serial No.：500
4. 遥控台（站）型号及型别 Remote pilot station (RPS) type(s) and/or model(s)：AF-D_GCS_001
5. 民用无人驾驶航空器的链路（C2链路） Link(s) for aircraft (C2 Link(s))：AF-D_DL_001，AF-D_VL_001

飞行目的 The Purpose of Flight：科研试飞、演示试飞和符合性试飞

起飞/经停/着陆 From/Stop By/To：锦溪白莲湖郊野体育公园等/无/锦溪白莲湖郊野体育公园等，详见《V2000CG飞行任务说明》（EC20-00-JY-0021 版本：B 及后续批准的修订版本）

使用限制 Operating Limitation：详见《V2000CG飞行限制》……本:B 及后续批准的修订版本）

局长授权 For the Minister：

签发人：Signature　　部门/职务：Dept./Title　　颁发日期 Date of Issuance：2023-11-02

有效期 Date of Expiry：2024-09-19

备注 Remarks：
除非得到飞越国同意，持本证飞行的无人驾驶航空器不得飞越该国领空。
No aircraft with this special flight permit may fly over the foreign airspace, unless validated by that country.

表-21-534-2022　　第1页 共2页

图 3-2-5　V2000CG 无人机特许飞行证

2024 年 1 月 15 日，峰飞 2 t 级 eVTOL 航空器动力系统可靠性试飞科目顺利完成，在峰飞昆山试飞基地，该科目进行了连续的单机单日多架次试飞，16 天累计飞行 6 053.2 km。

通过动力系统的可靠性验证飞行，证明了航空器具备每日多架次的运营能力，这也是未来空中交通规模化运营的必备条件。

同期，在苏北通航机场开展的性能符合性试飞，已完成固定翼爬升性能等多个科目试飞，可控性和稳定性试飞也在同步开展。峰飞还在青海完成了海拔 3 000 m 高高原测试。

目前峰飞 2 t 级 eVTOL 试飞场地涵盖了自建场地、通用机场、运输机场三类试飞场景，证明了峰飞团队运行能力和产品力在向已有民航飞行基础设施标准对齐。

2014 年 1 月，峰飞航空科技自主研发的 2 t 级 eVTOL（电动垂直起降航空器）在青海完成海拔 3 000 m 高高原性能试飞，这是我国首个成功完成高高原符合性验证试飞的吨级 eVTOL。局方审查代表进行了现场试飞目击。

高高原空气稀薄，往往伴随着运行环境条件复杂等问题。峰飞的 2 t 级 eVTOL 在青海高海拔的运输机场开展了多旋翼悬停性能测试、多旋翼抗风特性测试、中断起飞特性测试等科目试飞。

通过高高原试验，验证了不同海拔的飞行性能曲线，证明了吨级 eVTOL 航空器在高海拔环境的安全运行能力。

【任务实施】

5 人一组，选取峰飞 V2000CG 无人机型号合格审定过程中的某一项适航符合性验证项目。

通过资料检索和分析，向其他组的同学解读该项目所涉及的审定基础条款，符合性方法是如何选择的，经历了怎样的验证过程，得出了怎样的结论等。讲解过程中，应体现申请人和局方的不同工作内容。

任务 3 了解亿航 EH-216S 无人机适航取证

【任务相关知识】

一、亿航 EH-216S 无人机简介

亿航智能（NASDAQ：EH）是一家全球领先的城市空中交通科技企业，致力于让每个人都享受到安全、自动、环保的空中交通。亿航智能为全球多个行业领域客户提供无人驾驶航空器系统和解决方案，覆盖空中交通（包括载人交通和物流运输），智慧城市管理和空中媒体等应用领域。亿航智能 2016 年发布了全球首款载人级自动驾驶飞行器，引领全球城市空中交通新行业。2019 年 12 月 12 日，亿航智能登陆纳斯达克，成为全球首家上市的城市空中交通企业。2023 年 10 月，亿航智能 EH216-S 无人驾驶载人航空器系统成功取得中国民航局颁发的型号合格证，这也是世界首张无人驾驶电动垂直起降（"eVTOL"）航空器型号合格认证。

图 3-2-6 亿航 EH216-S 无人机

二、亿航 EH-216S 无人机适航取证历程

本小节内容扫码观看

【任务实施】

5 人一组，选取亿航 EH-216S 无人机型号合格审定过程中的某一项适航符合性验证项目。

通过资料检索和分析，向其他组的同学解读该项目所涉及的审定基础条款，符合性方法是如何选择的，经历了怎样的验证过程，得出了怎样的结论等。讲解过程中，体现申请人和局方的不同工作内容。

【课后习题】

1. 《基于运行风险的无人机适航审定指导意见》中"四个一"的含义是什么？
2. 无人机适航审定试点单位有哪几家？
3. 我国是哪一天正式开展无人机适航审定工作的？
4. 请写出运输类无人机、正常类无人机、限用类无人机的区别。
5. 你认为 EH216-S 无人机适航取证具有哪些重大的意义？
6. 我国第一个获得无人机型号合格证的无人机型号是哪一个？
7. 我国还有哪些无人机型号正在开展适航取证？
8. 有人机和无人机的适航监管有哪些主要差别？
9. 你认为目前我国无人机的适航监管是严格还是宽松？请说明你的理由。

学习情境四　无人机运营企业如何监管

教学目标

知识目标

1. 了解无人机运营企业运营规范。

2. 了解无人机运营企业类型及知名企业名称。

3. 了解无人机行业岗位分类。

4. 了解无人机领域行家的成长事迹。

能力目标

1. 掌握无人机运营企业的重要运营要求。

2. 能够阐述并举例说明不同类型的无人机运营企业。

3. 掌握不同无人机岗位的工作内容。

素质目标

1. 培养遵守法规、依规办事的规矩意识。

2. 领会民营经济是我国经济发展中重要的组成部分的内涵。

3. 向优秀模范学习，思考该如何规划职业生涯。

授课建议

教学结构

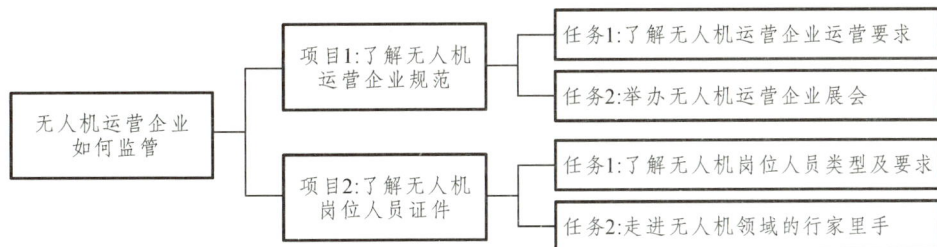

授课课时

项目 1 建议 4 课时，项目 2 建议 2 课时。

项目 1　了解无人机运营企业规范

近年来，无人机产业发展迅速，在个人消费、农林植保、地理测绘、环境监测、电力巡线、影视航拍等领域应用广泛。旺盛的市场需求催生了一批无人机运营企业，无人机作业对部分传统通用航空作业领域的替代作用非常明显。

根据《民用无人驾驶航空器经营性飞行活动管理办法》(简称《办法》)，使用无人驾驶航空器开展《办法》第二条所列的经营性飞行活动应当取得经营许可证，未取得经营许可证的，不得开展经营性飞行活动。本项目将带领大家学习了解无人机运营企业经营取证要求及运营企业类别。学习目标的实现主要依托 2 个学习任务，分别是"任务 1　了解无人机运营企业运营要求"和"任务 2　举办无人机运营企业展会"。

任务 1　了解无人机运营企业运营要求

【任务相关知识】

一、《通用航空经营许可管理规定》

通用航空(General Aviation)是指使用民用航空器从事公共航空运输以外的民用航空活动，包括从事工业、农业、林业、渔业和建筑业的作业飞行以及医疗卫生、抢险救灾、气象探测、海洋监测、科学实验、教育训练、文化体育等方面的飞行活动。

无人机归属于通用航空，因此要遵守通用航空相关的法规要求。《通用航空经营许可管理规定》(简称新《规定》)于 2020 年 7 月 29 日由交通运输部修订公布，自 2021 年 1 月 1 日起开始施行。原《通用航空经营许可管理规定(2019 修正)》将同时废止。

新《规定》在章节设置上，将通用航空经营许可的条件和程序分列两章予以规定，新设"通用航空企业经营规范"一章对通航企业日常经营提出了具有可操作性的具体要求。

全文共 8 章 50 条，涵盖了总则、经营许可条件、经营许可程序、经营许可证的管理、通用航空企业经营规范、监督检查、法律责任以及附则共 8 章内容。

1. 第一章 总则部分

总则部分将经营性通用航空活动的分类由原先按照通航企业注册资本金规模划分为甲乙丙丁四类经营性活动，修改为按照飞行活动性质划分为"载客类""载人类"以及"其他类"三类通用航空活动。由于不同性质的飞行活动对应的飞行安全要求和所涉及的公共利益不同，因此新《规定》中突出了分类监管的监管原则。

总则第七条 经营性通用航空活动分为三类：

（1）载客类，是指通用航空企业使用符合民航局规定的民用航空器，从事旅客运输的经营性飞行服务活动。

（2）载人类，是指通用航空企业使用符合民航局规定的民用航空器，搭载除机组成员以及飞行活动必需人员以外的其他乘员，从事载客类以外的经营性飞行服务活动。

（3）其他类，是指通用航空企业使用符合民航局规定的民用航空器，从事载客类、载人类以外的经营性飞行服务活动。

载客类经营活动主要类型包括通用航空短途运输和通用航空包机飞行。载人类、其他类经营活动的主要类型由民航局另行规定。

2. 第二章 经营许可条件

经营许可条件部分明确了取得通用航空经营许可的条件和对申请人民用航空器的要求。新《规定》不再要求所有航空人员均需取得执照，仅要求驾驶员需取得相应执照；对于从事非载客类经营活动的通航企业，仅需购买或租赁一架航空器即可，降低了通航企业申请经营许可证的门槛。此外，对于不予受理通用航空经营许可的情形，由旧《规定》的五种情形压缩为新《规定》第37条的一种情形，即"申请人隐瞒有关情况或者提供虚假材料申请通用航空经营许可"。如果申请人存在上述情形，除不予受理或不予许可外，申请人在1年内不得再次申请经营许可。

《规定》第八条 申请取得通用航空经营许可的，应当具备下列条件：

（1）从事经营性通用航空活动的主体应当为企业法人，企业的法定代表人为中国籍公民。

（2）有符合本规定第九条要求的民用航空器。

（3）有与民用航空器相适应，经过专业训练，取得相应执照的驾驶员。

（4）按规定投保地面第三人责任险。

（5）法律、行政法规规定的其他条件。

《规定》第九条 取得通用航空经营许可，申请人应当具有满足下列要求的民用航空器：

（1）在中华人民共和国进行登记，符合相应的适航要求。

（2）除民航局另有规定外，用于从事载客类、载人类经营活动的民用航空器应当具有标准适航证。

（3）与拟从事的经营性通用航空活动相适应。

（4）从事载客类经营活动的，至少购买或者租赁 2 架民用航空器；从事载人类和其他类经营活动的，至少购买或者租赁 1 架民用航空器。

本规定所称民用航空器，包括了民用有人驾驶航空器和民用无人驾驶航空器。

3. 第三章 经营许可程序

经营许可程序部分规定了经营许可程序，行政机关受理和做出许可决定的法定办结期限。新《规定》简化了通航企业所需提交的申请材料，放宽了通航企业法定代表人的任职资格要求，减少了通航企业因经营许可事项变更而需换发经营许可证情形的出现。

4. 第四章 经营许可证的管理

经营许可证（见图 4-1-1）正本应当置于通用航空企业住所或者营业场所的醒目位置。

图 4-1-1　通用航空企业经营许可证

5. 第五章 通用航空企业经营规范

《规定》第二十二条　开展经营活动前，通用航空企业应当按照民航局有关信息报送规定要求向住所地民航地区管理局备案经营活动信息；跨地区开展经营活动的，还应当向经营活动所在地区的民航地区管理局备案经营活动信息，并接受监督管理。

经营活动结束后，通用航空企业应当按照民航局有关信息报送规定要求及时、真实、完整地报送安全生产经营情况、行业统计数据以及申领民航财政补贴所需信息等有关内容。

知识拓展：《通用航空经营许可管理规定》修订背景

为全面贯彻《国务院办公厅关于促进通用航空业发展的指导意见》，落实国务院深化"放管服"改革、优化营商环境等要求，民航局通用航空工作领导小组全体会议决定对《规定》进行全面修订，进一步优化营商环境，激发通用航空市场活力，促进通用航空实现高质量发展。

《通用航空经营许可管理规定》出台背景

案例链接 5：重庆一通航公司多次违法飞行拟被吊销经营许可证 法人仅持"私照"却载客飞行

案例链接内容扫码观看

二、《民用无人驾驶航空器经营性飞行活动管理办法（暂行）》

为创新许可管理方式，鼓励新兴业态发展，满足企业合规经营需要，拓展无人机应用服务领域，民航局运输司起草了《民用无人驾驶航空器经营性飞行活动管理办法》（以下简称《办法》），经征求采纳各方意见，现予印发。本《办法》自 2018 年 6 月 1 日起生效。

《办法》共 3 章 20 条，以"坚持放管结合、转变职能；坚持突出重点、分类管理；坚持包容审慎、拓展服务"为基本原则，对无人驾驶航空器经营许可证的申请条件及程序、无人驾驶航空器经营性飞行活动的监督管理方式等作了明确规定，具有适用范围边界清晰、准入条件大幅降低、在线操作简单便捷、管理条款符合情理、时间指标宽松充裕等特点。

最大空机重量为 250 g 以上（含 250 g）的无人驾驶航空器开展航空喷洒（撒）、航空摄影、空中拍照、表演飞行等作业类和无人驾驶航空器驾驶员培训类的经营活动时适用本办法，而无人驾驶航空器开展载客类和载货类经营性飞行活动时则暂不适用。

《办法》明确，民航局对无人驾驶航空器经营许可证实施统一监督管理，民航地区管理局负责实施辖区内的无人驾驶航空器经营许可证颁发及监管管理工作。

《办法》规定，想要取得无人驾驶航空器经营许可证应当具备四个基本条件：从事经营活动的主体应当为企业法人，法定代表人为中国籍公民；企业应至少拥有一架无人驾驶航空器，且以该企业名称在中国民用航空局"民用无人驾驶航空器实名登记信息系统"中完成实名登记；具有行业主管部门或经其授权机构认可的培训能力（此款仅适用于从事培训类经营活动）；投保无人驾驶航空器地面第三人责任险。

《办法》提出，无人驾驶航空器经营许可证申请人应当通过"民用无人驾驶航空器经营许可证管理系统"在线申请无人驾驶航空器经营许可证，并填报企业法人基本信息、无人驾驶航空器实名登记号、无人驾驶航空器驾驶员培训机构认证编号（培训类）、投保地面第三人责任险承诺、企业拟开展的无人驾驶航空器经营项目等信息，并确保申请材料及信息真实、合法、有效。

《办法》还对不予受理无人驾驶航空器经营许可证申请的情况、依法撤销企业经营许可证的情况、依法注销经营许可证的情况等进行了明确。

《办法》放宽了取得无人驾驶航空器经营许可证的条件，由传统有人驾驶航空器设定的 10 项减少为 4 项。

《办法》的制定使无人机从事作业类和培训类经营飞行活动有了明确的规范。目前获取无人机经营许可证的 4 项条件为法人要求、航空器要求、培训能力要求（适用培训类）和地面第三人保险要求。不仅许可条件大大减少，对企业自有航空器的要求，也由原来的 2 架减少为 1 架，并对 250 g 以下的无人驾驶航空器作了许可准入豁免。

许可条件放宽的同时，无人机经营许可证申领过程进行了全程简化。针对无人驾驶航空器企业小、散、多的特点，民航局开发了民用无人驾驶航空器经营许可证管理系统，完全实现经营许可证在线申请、在线受理、在线审核、在线颁证，全程无纸化，行政相对人申办许可"一次不用跑"，申请人和管理部门全程不见面也可以完成许可审批的全部程序。

《办法》中对持有经营许可证的无人驾驶航空器运营企业的监管模式进行了明确。按照《办法》，管理部门将对企业实行诚信管理，具体来说，监管方式将实现由"盯人、盯企业"到"盯系统"的转变，即通过无人驾驶航空器运营企业在线报送企业基本信息和作业信息，及时了解无人驾驶航空器运营行业的经营情况、作业特点和规律以及存在的问题。

知识拓展：民用无人驾驶航空器经营许可证管理系统

三、非经营性通用航空备案管理办法

非经营性通用航空活动是指不以营利为目的的通用航空飞行活动。

中国民用航空局负责对全国非经营性通用航空活动的备案以及监督管理工作实施统一管理。

非经营性通用航空备案分为主体备案和活动备案，其中主体备案分为单位（法人或其他组织）备案和个人备案，活动备案是指在飞行活动结束后，报备飞行活动信息的行为。取得通用航空经营许可证的企业，开展非经营性通用航空活动时无须另行主体备案；以单位名义开展非经营性通用航空活动的，其飞行人员无须另行个人备案。

任务 2　举办无人机运营企业展会

【任务相关知识】

一、无人机运营企业类型

无人机飞行活动多样，从运营人角度提出在不同运行场景下、使用不同无人机类别、按照不同运行模式、从事营利性或非营利性运行活动的基本需求，指导运营人安全、规范、合法、合规地完成各项飞行活动。

（一）空中航拍类

1. 无人机航拍概述

航拍又称为空中摄影，是指从空中拍摄地形地貌，获得俯瞰图。航拍的摄像机可自动拍摄、远程控制和由摄影师控制，并且可作为航拍的平台有很多，比如飞机、直升机、热气球、降落伞甚至风筝，由于利用无人机进行航拍的图像比较清晰，所以在军事、农业、植保等方面，无人机的应用都是非常广泛的。

无人机之所以能够从一系列的航拍平台中脱颖而出，主要就是由于无人机航拍有着无可比拟的相关技术支撑，就是这些技术使得无人机航拍具有更多的优势。这些技术包括实时呈现图像技术、悬停增稳技术、避障技术、续航技术、智能化等。航拍摄影最常用的无人机基本都属于微型或轻型民用无人驾驶航空器。

2. 无人机航拍公司

经营无人机航拍业务的公司很多，本书任选1家主营航拍业务的无人机运营公司为例进行简要介绍。

四川鹰眼航拍科技有限公司成都分公司，是四川乃至全国颇具规模的专业航拍公司。总部位于四川广元，并在成都、重庆、绵阳设有分公司。公司主要从事：商业航拍、影视航拍、航测测绘（DOM 正射影像、DEM 及 DSM 高程模型、DLG 地形图）、倾斜摄影三维建模、土地规划、农业植保、行业应用、VR 全景拍摄、实景嵌入、赛事航拍、行业应用（光伏光电、水利水电、铁路公路河道巡检等）等一系列摄影拍摄。

（二）飞行表演类

1. 无人机飞行表演概述

无人机飞行表演已经成为一种独特的舞台艺术形式，吸引了大批观众前来观赏。在无人机飞行表演中，通过多架无人机组成的编队、灵活的飞行动作以及各种炫酷的灯光效果营造出了一个令人叹为观止的视觉盛宴。无人机飞行表演通常配合音乐或故事情节进行，给观众提供了沉浸式的感官体验。无人机表演还自带低碳环保、高新科技、安全等亮点，已经成为新一代的宣传媒介。

目前，无人机飞行表演已经广泛应用于各类大型活动和节庆庆典中。例如，各类体育赛事、文化盛宴、城市灯光秀等都会邀请无人机飞行表演团队进行演出。这种全新的艺术形式给观众带来了别开生面的视听享受，使得整个活动更加精彩纷呈。

无人机飞行表演的商业应用潜力巨大，随着观众对无人机飞行表演的需求增加，越来越多的企业意识到这一市场的商机。无人机制造商、无人机飞行表演团体以及相关配套服务商纷纷涌入，推动着整个行业的蓬勃发展。

无人机飞行表演也带来了一系列的经济效益和社会影响。首先，无人机飞行表演活动的举办，将会为当地带来巨大的经济收益。其次，能够吸引了更多观众前来观赏无人机飞行表演，有助于推动旅游业和相关行业的发展。

根据《2022 年文旅行业无人机编队表演数据洞察报告》的统计结果，中国企业在无人机编队表演领域短短 7 年间便走到了世界第一。在无人机编队飞行表演这一细分市场上，中国企业的表演质量和市占率都是全世界领先的。

2. 无人机飞行表演运营公司介绍

深圳高巨创新、深圳大漠大智控、广州亿航智能和一飞智控（天津）科技有限公司被称为无人机表演领域的"四小龙"。

一飞智控（天津）科技有限公司，全球智能工业级无人机领军企业。拥有飞控、整机、智能操作系统、集群组网等核心技术。拥有世界领先的集群控制技术和艺术创新方案，可实现各种空中 3D 视觉艺术效果。赋能城市地标、孵化网红夜经济景区，业务覆盖全球多个国家和国内省、市、自治区，传播上亿级品牌流量。公司自主研发的无人机集群控制技术、空中物流运输平台、自动巡检系统及定制无人机系统等产品方案均处于国际领先水平。

案例链接 6：无人机飞行表演背后的故事

案例链接内容扫码观看

二、农林植保类

1. 无人机农林植保概述

近年来，农业无人机在农林植保领域应用越来越广泛，成为了农民进行田间植保的"新宠"。曾几何时，植保无人机还是一个无法支撑起一整个行业的小众产品，现在植保无人机的发展已经是大势所趋。日本既是世界上第一个使用农业无人机喷药的国家，也是无人机农业应用最成熟的国家。我国的农业种植正缓慢而持续地呈现规模化和机械化的趋势，农村劳动力短缺，人口老龄化也是促进农业无人机发展的核心驱动因素。

无人机在农业植保领域的应用主要包括以下几个方面的内容：

一是植保作业，利用无人机搭载高清航拍设备，对农田进行全面拍摄，从而获得更加清晰的植被覆盖情况和病虫害分布情况。

二是精准施药，将无人机搭载特制的喷雾器，通过高空喷洒农药的方式对农作物进行施药。这种方法不仅可以减少对环境和人员的危害，还能提高农药的使用效率和防治效果。

三是土壤检测，利用无人机搭载特制的喷雾器，通过高空喷洒农药的方式对农作物进行施药。这种方法不仅可以减少对环境和人员的危害，还能提高农药的使用效率和防治效果。

四是农产品追溯，将无人机与互联网技术结合起来，将农作物从种植、采摘、运输到销售的各个环节数据化，实现农产品的可追溯性，提升农产品的质量和安全性。

五是农田监测，利用无人机搭载高清相机和激光雷达等设备，对农田地形、土壤湿度、气象环境等信息进行实时监测，以便及时发现和解决农田问题，提高农业生产效率和质量。

2. 无人机农林植保企业介绍

广州极飞科技有限公司在无人机植保领域做得很成功的一家公司。广州极飞科技有限公司致力于智能农业技术的研发与推广，是世界领先的无人机研发制造公司、农业自动化设备运营商。在我国以及韩国、日本、澳大利亚、美国等 20 个国家和地区设有研发中心和运营机构。

截至 2022 年 12 月 31 日，极飞研发专利授权总数达 2 141 件，运营的农业无人化设备约 11 万台，累计为农民提供无人化生产服务 1.94 亿人次，农田作业面积达 14.5 亿亩次。同时，极飞智慧农业产品和服务覆盖全球 57 个国家和地区。节约农业用水 4 908 万吨；累计降低二氧化碳排放共 140 万吨。累计培训了 5 007 名教员及 122 206 名农业无人化设备操作员，为农业数字化发展注入更多新生力量。现在极飞已启动新一轮的"30 万科技新农人培养计划"，旨在向农业一线输送一批"懂科技、会经营、爱农业"的新型职业农民，服务于乡村振兴和农业现代化。

三、电力巡线类

（一）无人机电力巡检概述

随着航空、遥感以及信息处理等技术的快速发展，无人机在巡检作业中大放异彩。而在无人机巡检作业中，应用场景最多的便是电网巡检。

传统的电网巡检方式，是以人工沿线路步行或借助交通工具，使用望远镜和红外热像仪等对线路设备进行近距离巡视与检测。

但巡线距离长、工作量大、步行巡线效率非常缓慢，遇到冰雪水灾、地震、滑坡等自然灾害天气时，巡线工作可能就无法正常开展，受限制较多。

而无人机凭借携带方便、操作简单、反应迅速、载荷丰富、任务用途广泛、起飞降落对环境的要求低、自主飞行等优势，可以为电网的精细化巡检提供赋能。

近年来，无人机技术日趋成熟，无人机已成为巡检人员高效安全完成巡检作业的最佳工具。

无人机电力巡检，可以对电网设施和环境进行自动化、精细化巡检，降低工作出错率与风险，大幅提升巡检效率。

在传统的电网巡检中，如果需要完成通道建模等任务，就得使用载人飞机，这样不仅对场地要求高，而且成本高昂。

无人机则便于携带，可灵活起降，并适应各种复杂地形，在山区也能获得高精度模型。除此之外，无人机巡视还不受地理障碍限制，速度快，单次飞行覆盖范围广，能大幅提升作业效率。

在使用场景上，无人机可以高效地完成树障巡检、红外巡检、故障巡检和夜间巡检等任务，为运维人员提供精准的数据支持。

如今，无人机巡检又得到了进一步发展，已可实现基站无人机精细化巡检。

作业人员将移动无人机自动机场部署在基站铁塔作业场景中，无巡检任务时，无人机存储在机库中，有任务时，机械臂自动安装无人机电池并开启舱门，无人机自动飞出作业。

无人机依据自动规划的飞行航迹，在 RTK 厘米级精度定位信号下进行复杂自主飞行，并根据航线预设目标，无人机可在指定位置悬停，控制云台指向目标并进行目标拍摄、识别。

基站无人机巡检方案不仅可以缓解对巡检人员需求量变大的问题，还可以灵活作业，实现全天候自动巡检，大幅提高巡检效率与质量。

（二）无人机电力巡检企业介绍

无人机电力巡检工作一般由电网公司自行组建无人机巡检部门或团队来完成，此外也有专门提供电力巡检业务的第三方公司。这里介绍一家由无人机电力自主巡检起家的公司——中科云图。

中科云图领导在电力行业工作时就曾发现电网设施布局紧凑复杂、巡视区域广、点位多等特点，且以往多靠人工巡检，存在工作量大、效率低、人身安全难以保障等隐患。

为解决以上行业痛点，中科云图紧抓低空经济和遥感大数据产业战略机遇，攻坚克难，率先战略性提出全国低空无人机遥感网，以自主研发的无人机智能基站为载体，以易飞云时空大数据平台为核心，集成多型号无人机，多功能传感器和机载 AI 计算模块，构建空地一体的协同组网模式，实现地表资源的高频次、高精度、全自动和立体化监测。其中，无人机智能基站具有远程智能调度、自主起飞降落、自动规划航线、作业实时监控、数据集成管理、后台智能分析等功能，降低了用户使用门槛，让巡检不再依赖于现场人工巡检。

四、水利检测类

（一）无人机水利检测概述

无人机凭借其灵活、快速、高效的特点，可以被广泛用于环保水利监测中。通过搭载各类型传感器，无人机可以实时进行水质、水位、流量等数据的检测工作，为相关企业提供准确、实时的数据支持。

无人机甚至可以用于监测水体污染源的定位和溯源，为环保执法提供有力的证据支持。

无人机也能在防洪抗涝方面拥有一席之地：通过实时监测雨量、水位等气象信息，无人机可以提前为防汛机构提供及时、准确的预警信息，提供抗洪抢险的数据支持。

无人机还能在洪涝后进行灾后评估和重建工作，为受灾地区提供科学的决策依据。

无人机通过调查和分析水资源的分布、利用情况，可以更好地调查水资源当前状况，为水资源的管理和规划提供科学依据。

同时，无人机还可以用于对水资源保护区的监测和管理，保障水资源的可持续利用。

无人机技术被应用在环保水利中的优势：

（1）快捷响应：无人机可以快速到达目标现场，进行实时的监测和评估，为操作者提供及时、准确的数据支持。

（2）操作灵活：无人机不受地形、交通等因素的限制，可以穿梭在管理范围的各个角落，对监管地区更加高效地管理。

（3）成本相对较低、效率高：相比于传统的人工监测方式，无人机成本相对较低，能够节省一部分人力和财力资源，实现数据的实时传输和处理，提高工作效率和质量。

（二）无人机水利检测企业介绍

复亚智能作为业内领先的无人机全自动飞行系统研发和服务商，以技术创新为驱动力，整合 SLAM、机器视觉、人工智能、云计算等前沿技术，为用户打造高效、智能化的基础设施巡检和公共安全巡逻整体解决方案，将巡逻巡检数据全面应用到安防、能源、环境、应急等广泛的低空巡查业务中去，通过分布式部署让巡逻干预随时可达，巡检数据触手可及。

复亚智能无人机水利行业应用系统自动执行事先设定的巡河任务，专注于对非法排污、非法捕捞、非法采砂等违规行为及水面漂浮物等污染情况进行定点拍摄。无人机巡检数据实时上传并通过 AI 图像分析与识别，高精准度地识别各种主体，包括船只、排污口、漂浮物、安全帽、施工车等，全面监测水域环境。这种"自动飞行+AI 识别"的闭环智能巡检模式实现了全程无人化运作，为水利行业应用带来了便利。

浙江省积极借助信息化手段，依托复亚智能无人机水利行业应用系统进行机场网格化布局，涵盖了区域内 36 条省、市级河流，全面助力无人机水利行业应用环保监测管理，成为生态保护的典范。

五、地理测绘类

（一）无人机地理测绘概述

无人机技术的快速发展，为地理测绘工作带来了革命性的变化。传统的地理测绘需要投入大量的人力和物力，而无人机的出现，不仅大大提高了测绘效率，还降低了成本。

使用无人机进行地理测绘的优势主要体现在以下几个方面：一是高效性，相比传统的测绘方法，无人机可以快速完成测绘任务。无人机的航程长、高度可调节、飞行速度快，可以快速扫描大片区域，将测量数据实时传输给地面控制站，大大提高了测绘效率。二是精度性，无人机配备了高精度的全球定位系统（GPS）、惯性导航系统（INS）以及航迹控制算法，能够精确控制飞行轨迹和飞行高度。同时，无人机搭载的高分辨率摄像头或激光雷达等传感器，可以获取准确的地理数据。这些技术保证了地理测绘的数据精度。三是安全性，传统的地理测绘常涉及复杂或危险的环境，例如高山、河流、荒漠等，使用无人机进行地理测绘可以避免人员受伤和设备损失的风险，提高了工作的安全性。

无人机测绘有九大应用领域，分别是房地一体、堆体测量、隧道管道检查、高速公路检查、桥梁监测、文物保护、考古修复、土地确权、不动产登记等。

（二）无人机地理测绘企业介绍

在测绘技术近几十年翻天覆地的变化中，无人机航测技术可谓起到了推波助澜的重要作用。三和数码测绘地理信息技术有限公司（以下称"三和数码"）作为对测绘地理信息行业有着执着追求的国有企业，在无人机航测技术的探索和研发上从来都是一马当先。

2012 年，三和数码引进"无人机摄影测量技术"，并将其应用于甘肃省农村集体土地确权登记发证试点项目，高效完成了省级试点工作，开创了甘肃省无人机低空摄影测量技术应用于测绘项目的先河。2013 年，三和数码无人机研制中心成立。2014 年实现了自主知识产权和核心技术的无人机研发生产。随着规模的壮大、技术的成熟、无人机行业应用的进一步深化，以及各类吊舱装备集成挂载和应用的实现，2018 年升级为集无人机研发、生产、销售、民用无人机驾驶员执照培训和考核、服务保障的本地化、全流程、全产业链、多领域应用覆盖的三和数码无人机研制中心。

如今，三和数码无人机研制中心已成功研制并量产出 SH-15X、SH-20X、SH-30X、SH-50X、SH-60X 旋翼；SH-30G、SH-60G、SH-80G 固定翼等多系列、多型号无人机近百架，业务涉及自然资源、城建、水利、公安、消防、交通、旅游、通信、电力、军民融合等诸多领域。

六、培训类

（一）无人机培训概述

随着无人机技术的迅速发展，无人机在各个行业的应用越来越广泛，无人机培训的需求日益增长，无人机培训逐渐成为了一个炙手可热的创业领域。

新发布的《无人驾驶航空器飞行管理暂行条例》对无人驾驶执照及培训提出了要求：

第十六条 操控小型、中型、大型民用无人驾驶航空器飞行的人员应当具备下列条件，并向国务院民用航空主管部门申请取得相应民用无人驾驶航空器操控员（以下简称操控员）执照：

（1）具备完全民事行为能力；

（2）接受安全操控培训，并经民用航空管理部门考核合格；

（3）无可能影响民用无人驾驶航空器操控行为的疾病病史，无吸毒行为记录；

（4）近5年内无因危害国家安全、公共安全或者侵犯公民人身权利、扰乱公共秩序的故意犯罪受到刑事处罚的记录。

第十七条 操控微型、轻型民用无人驾驶航空器飞行的人员，无须取得操控员执照，但应当熟练掌握有关机型操作方法，了解风险警示信息和有关管理制度。

操控轻型民用无人驾驶航空器在无人驾驶航空器管制空域内飞行的人员，应当具有完全民事行为能力，并按照国务院民用航空主管部门的规定经培训合格。

目前无人机培训市场主要提供技能培训、证书培训、专业培训及定制培训。技能培训提供无人机操作技能培训，帮助学员掌握无人机的操作技巧和应用知识。证书培训协助学员获得无人机驾驶执照，为就业或业余爱好提供专业认证。专业培训针对不同行业需求，提供无人机应用技能培训，如农业植保、航拍等。定制培训根据企业或政府需求，提供个性化的无人机培训解决方案。

（二）无人机培训企业介绍

主营无人机培训的企业很多，这里介绍一家在行业内比较有影响力的培训公司。

慧飞无人机应用技术培训中心，是全球无人机领军企业——大疆创新DJI的全资子公司，为客户提供无人机培训服务，培训内容涵盖航拍、植保、测绘、安防等行业的应用技术技能培训。慧飞采用国内首个专注于无人机应用技能的UTC培训体系，飞手在通过相关考核后会获得《慧飞学员合格证书》以及《UTC无人驾驶航空器系统操作手合格证》。UTC证件主要针对行业应用服务，可作为入职企业工作能力资格证明。

七、应急救援类

（一）无人机应急救援概述

我国每年因自然灾害、事故灾难、社会安全等突发事件造成的人员伤亡巨大，经济损失高达数千亿。因此灾害的应急救援也尤为重要，需要投入大量的人力物力以确保灾情发生时受灾群众的生命安全不受到威胁。但往往因为环境的复杂性，信息提供得不及时，灾害发生后道路交通不畅、基础设施损毁严重等因素，给救援工作带来较大阻碍。而无人机则可以在救援过程中可以穿越复杂的地形快速到达灾情现场，同时可以挂载不同的载荷进行救援。

无人机在救援过程中的具体实施内容如下。

1. 对现场环境进行勘察监测

应对紧急事件突发的首要任务是掌握救援现场的灾情和环境。利用通过无人机航拍便是掌握现场环境最便捷的手段，可以迅速掌握灾情现场的基本情况；航空测绘则被应用于面积较大的救援现场，可以为救援人员提供大比例尺地形图；遥感监测则应用于特殊危险的救援现场（比如危险品爆炸现场），可以安全准确地判断现场的灾情性质，制定对应的救援方案。

2. 现场搜救喊话

搜寻过程中，一旦发现被困人员，可以通过喊话器进行引导和安抚，提高被困人员的生存信念，引导做出正确配合救援的动作，提高救援成功率与效率。发现其他突发情况也可对地面做出警示。

3. 对失联人员进行定位搜索

搜寻过程中，难免会出现受险人员不在救援范围内的情况，利用无人机挂载通信设备进行定位搜索，确定其精准位置，节省搜救人员大面积搜寻的时间和精力，快速准确进行救援。

4. 实施航空救援物资投送

在救援实施过程中，对于人力无法立即速达救援的地方，可利用无人机携带救生设备或救灾物资，进行可视投送，并可实时将图像回传到指挥部，实现应急救灾物资或救援装具的精确投放，为被困人员争取等待救援时间。

利用无人机的"上帝视角"，可以让救援行动更便利、更准确、更安全，同时也节约了人工成本，加快了救援效率。

（二）无人机应急救援企业介绍

联合飞机是专业从事无人机等装备研发、生产和服务的企业集团，拥有工业和信息化部授予的"专精特新'小巨人'"称号和无人机全产业链研发服务能力，倾力为政府、军方及合作伙伴提供无人机装备及整体解决方案，服务国民经济和国家安全重大需求。

联合飞机在京、粤、皖、陕、川等地实现产业布局，打造集无人机设计研发、生产制造、部装总装、集成试验一体化基地。拥有一系列自主知识产权核心技术，自主研发的飞行控制系统和电控共轴技术打破西方国家封锁，填补国内空白。获得美国、俄罗斯、欧盟等40余项发明专利授权和20余项软件著作权授权，国内发明专利180余项，在国内外同行中处于领先水平。

2023年11月15日～17日，联合飞机携"应急"主力TD550大载重应急救援无人机和Q20"镭影"多旋翼无人飞行平台亮相北京国家会议中心，同时带来无人机全新应急解决方案。

此次展会亮相的是联合飞机TD550大载重应急救援无人直升机和Q20"镭影"多旋翼无人飞行平台。这两款产品的组合在应急救援领域可谓是威名赫赫，多次参与应急救援任务并出色完成，大小飞机配合、硬核技术保障，覆盖灾前监测、灾中救援、灾后巡查等全链路场景需求。其外形如图 4-1-2 所示。

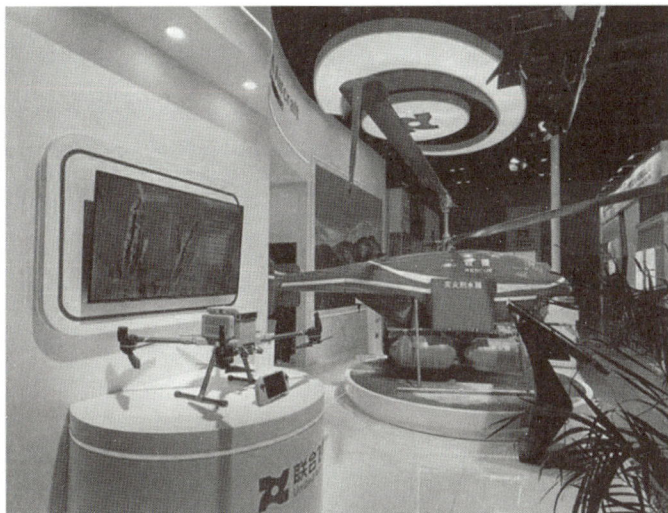

图 4-1-2　展出的 TD550 和 Q20

八、载货物流类

（一）无人机载货物流概述

无人机可以通过无人驾驶、自动化控制等技术，将货物快速、安全、准确地送达目的地，不仅能提高配送效率，还可降低成本，减少人力物力的投入，因此其在物流行业的应用前景被普遍看好。

无人机在物流业的应用，主要是以无人机为主要工具开展的物流活动，或者是物流活动中借助无人机完成关键性的任务，具体集中在运输、仓储、配送三大场景。其中，在仓储领域，无人机能通过视觉识别、红外热成像等技术捕捉信息，对货物进行盘点、计数、测量、检视，实现灵活高效的库存管理，但目前仍应用较少。在运输与配送环节，无人机凭借灵活性强、速度快、覆盖范围广等优势，可有效化解传统物流模式下人力成本高、配送效率低、覆盖范围有限等瓶颈问题，成为当前无人机在物流领域应用的主要模式。由于无人机拥有强大的自主决策能力、感知与避让能力、抗干扰能力，且不受时间空间限制，在一些偏远地区或者灾区，无人机也可用于医疗物资配送，将急需的药品、医疗器械等物资送到需要的地方，为救援工作提供有力支持；也可将农产品从农田或农场直接运输到市场或超市，从而缩短农产品运输时间，提升流通效率。

与此同时，无人机在物流行业的推广应用也面临一系列阻碍因素，如由于无人机的操作需要高度的技术水平和经验，因此在操作过程中可能会出现意外事故，如撞车、坠机等，需要对安全问题予以重视。此外，在与其他飞行器的协调、飞行道路的规划、隐私问题等方面，也需要相关法规和政策的进一步完善。

尽管发展过程中存在挑战，但无人机作为一种新型的物流配送方式，显然具有广阔的应用前景和发展空间。

（二）无人机载货物流企业介绍

知名的京东和顺丰公司也都入局无人机，开始使用无人机进行物流运输和商品配送。

京东自主研发"京蜓"自转旋翼无人机首飞成功，与传统的固定翼无人机不同，"京蜓"自转旋翼无人机是一种起降和飞行方式介于固定翼飞机与直升机之间的飞行器，以旋翼作为升力面、以螺旋桨推力为前进动力，在极短的距离内就能升空，并不依赖于机场和跑道。

在开发过程中，研发人员对"京蜓"内部的货仓进行了创新设计，让货仓在运输和空投两种模式间实现快速切换。经过近 10 个月的研发、生产和改进，"京蜓"成为国内首款能载数百千克并具有舱内空投功能的无人机。

在具体用途方面，"京蜓"物流无人机可与京东物流的仓储模式物流网络紧密结合，在某些地域和场景下，可承担百公里以上、从亚一仓到中转仓或者配送站之间的货物运输，能解决交通不便地区订单下行、高附加值产品上行难度较大的问题，显著提升物流时效。同时，"京蜓"还可用于应急救援，完成批量物资的运输或者空投任务，减少转运环节，提高运送效率，如图 4-1-3 所示。

图 4-1-3　京东"京蜓"货运无人机

美团公司自 2010 年 3 月成立以来，持续推动服务零售和商品零售在需求侧和供给侧的数字化升级，和广大合作伙伴一起努力为消费者提供品质服务。

2017 年，美团内部启动了无人机配送服务的探索。美团无人机目前已经在深圳、上海地区开展试点，未来将会布局全国市场。

美团的无人机配送方案整体可被分解为三部分：飞行器、自动化机场与云端调度系统，订单产生后由云端调度系统分配航线，装载货品的无人机飞行器会飞入社区内的自动化机场，将货品投递至机场下面的自取柜中。

具体配送过程如下：

美团外卖小哥从商家取货后，将外卖送至楼顶的停机场，装载货箱后，无人机将按照后台系统规划的航线飞到指定地址。在起飞机场周边 3 km 内，分布着一座座类似快递柜的装置，它们就是这些空中"小飞人"的目的地。

在这些智能空投柜的柜顶上，装有传感器。一旦感应到无人机靠近，它的顶端就会打开，形成一个停机坪，待无人机落稳之后，柜顶将自动开启一个小口，让"空投"的外卖顺利入柜。已经下单的消费者收到提示短信后，就可通过输入取餐码取餐。住在附近的用户也可通过手机扫码打开社区配送站格口取货。整个过程仅需要 15 min，而以往，在饭点这样的高峰期，外卖配送需要 1 个多小时。

九、载人飞行类

（一）无人机载人飞行概述

载人低空无人机是指可以搭载一到两个乘客，在低空飞行的无人机。它可以用于交通出行、旅游观光、紧急救援等方面。不仅可以解决地面交通拥堵、污染、安全等问题，也能提供更加便捷、舒适、刺激的飞行体验。

目前，全球已经有很多公司开始研发载人低空无人机，比如美国的 Uber、德国的 Volocopter 等。但是，在这个领域，中国拥有着明显的优势和领先地位。中国不仅拥有先进的技术和设备，还拥有完善的法规和标准以及丰富的试飞和应用经验。2019 年，中国在广州成功举办了全球首次载人低空无人机城市空中巡游活动，吸引了全球各地数百万观众的目光和赞叹。2023 年 10 月 13 日，广州亿航智能公司研发的 EH216-S 无人驾驶载人航空器系统获得我国民航局（CAAC）颁发的型号合格证（TC，Type Certificate），成为新品种航空器-电动垂直起降飞行器（eVTOL）的世界首证。

近段时间，多家"造机新势力"的"飞行汽车"频繁升空，试飞成功，打"飞的"、乘空中巴士的构想不再遥远，城市三维立体交通网络开始显现雏形。

（二）无人机载人飞行企业介绍

亿航智能是一家全球领先的城市空中交通科技企业，致力于让每个人都享受到安全、自动、环保的空中交通。亿航智能为全球多个行业领域客户提供无人驾驶航空器系统和解决方案，覆盖空中交通（包括载人交通和物流运输），智慧城市管理和空中媒体等应用领域。亿航智能 2016 年发布了全球首款载人级自动驾驶飞行器，引领全球城市空中交通新行业。

2019 年 12 月 12 日，亿航智能登陆纳斯达克，成为全球首家上市的城市空中交通企业。2023 年 10 月，亿航智能 EH216-S 无人驾驶载人航空器系统成功取得中国民航局颁发的型号合格证（Type Certificate，"TC"），这也是世界首张无人驾驶电动垂直起降（"eVTOL"）航空器型号合格认证。作为全球城市空中交通行业中自动驾驶飞行器创新技术与应用模式的领军者，亿航智能不断探索天空的边界，让飞行科技普惠智慧城市的美好生活。

亿航智能为各行业领域客户提供飞行器产品和解决方案，包括自动驾驶飞行器、智慧城市指挥调度中心、行业应用网联无人机、无人机自动化集群编队、无人机物流配送等。真正地做到了安全、环保、智能，亿航更是拥有完全自主的知识产权。在设定飞行计划后，只需乘客机在应用中指定目的地，一键下达"起飞"指令，即可完成自动驾驶，悦享旅途。

【任务实施】

同学们分组准备不同类型的无人机运营企业资料，模拟一场无人机企业展会。实施环境需要一个空旷的教室和若干桌椅，每组同学课前制作公司展板和宣传册，也可以通过笔记本电脑播放公司宣传片，现场安排学生角色扮演企业人员进行咨询问答等。具体形式可以自行设计，目的是让学生通过这种参与的形式，加深对企业的了解。

【评价标准】

1. 企业资料准备情况，如内容丰富程度、形式多样性等。
2. 现场展台设计，如整洁美观、特色体现等。
3. 小组成员参与度，如分配角色得当、任务量饱满、参与积极等。
4. 现场实施效果，如围观人群、学生互相评价等。

【课后习题】

1. 请简述开办一家无人机运营企业需要哪些条件。
2. 请简述无人运营企业的不同类型。
3. 请简述物流外卖无人机现在的发展情况。

项目 2　了解无人机岗位人员证件

人是企业经营的重要因素，无人机从业人员作为无人机运营企业的重要组成部分，也需要纳入国家对无人机的监管体系中，目前国家针对无人机操控员出台了相应规范管理文件，而对于其他岗位，如无人机装调检修工、无人机测绘操控员等，则是出台了职业技能标准等。因此本项目带领大家了解无人机行业的不同岗位类型的从业人员以及无人机领域的行家里手。

任务 1　了解无人机岗位人员类型及要求

【任务相关知识】

一、无人机驾驶员介绍

无人机驾驶员定义：通过远程控制设备，驾驶无人机完成既定飞行任务的人员。

无人机驾驶员主要工作任务：

（1）安装、调试无人机电机、动力设备、桨叶及相应任务设备等。

（2）根据任务规划航线。

（3）根据飞行环境和气象条件校对飞行参数。

（4）操控无人机完成既定飞行任务。

（5）整理并分析采集数据。

（6）评价飞行结果和工作效果。

（7）检查、维护、整理无人机及任务设备。

随着无人机行业应用的推广，无人机的驾驶与操作引发了诸多的公共安全事故。无人机驾驶员这一职业的诞生弥补了无人机行业对于专业人才与专业技能的需求，专业无人机驾驶员人才队伍不断壮大，则会大大减少公共安全事故的发生，促进无人机应用产业的快速发展。

无人机作为近年来迅速发展的新型工具，逐渐在各个领域中得到广泛应用。目前民用无人机的本体设计、自主导航、自动控制等技术已经比较成熟，但是环境感知、自主避障、危险评估、自主决策等与飞行安全相关的技术的发展仍未成熟，还需要不断地完善。在现阶段，培养合格的无人机驾驶员仍是保证无人机飞行安全的一个重要手段，因此为无人机驾驶员制定一套职业标准是十分必要的。

无人机驾驶员职业化必将带来应用技术的标准化和规范化，也将会给无人机的广泛应用增加更可靠的安全因素，带来整个无人机行业应用领域扩展。此外，通过采用人工神经元网络和专家监督学习等技术手段，也将为无人机全自主安全飞行提供训练样本，最终为无人机完全自主化与智能化提供一条可行的技术路线。

在无人机驾驶员领域，根据作业的范围又具体分为无人机植保作业飞手、无人机电力巡检飞手、无人机航空测绘飞手、无人机航拍摄影师等。

（1）无人机植保作业飞手的工作内容包括：按照公司的无人机作业计划完成无人机飞行作业任务；无人机植保飞行作业前、作业后对无人机及配件进行保养、维修；能够熟练组装、飞行、维护、修理、调试、升级植保无人机，具备一定的气象、植保知识。

（2）无人机电力巡检飞手的工作内容包括：负责公司电力巡检无人机等相关工作；负责航飞影像数据采集与整理工作；负责其他定点拍摄工作；负责无人机的日常维护；熟悉无人机的结构及飞行原理，具备独自完成飞行任务的能力。无人机电力巡检飞手，是无人机行业里面相对人才缺口较大、薪资水平偏高的职业类型之一。按照内业、外业操作难度区分，内业工作对于数据处理的软件操作与相关知识的要求较高，外业岗位主要是飞手操控无人机对于划定区域进行线路巡检及隐患排查等工作，工作强度较大，薪资也更高一些。

（3）无人机航空测绘飞手的工作内容包括：提供无人机飞行技术展示的支持，参与无人机维养和售后工作；熟悉无人机的结构及飞行原理，具备独自完成飞行任务的能力；参与作业飞行任务的前期策划及可行性评估，制定飞行区域的飞行方案；负责无人机航飞记录，整理（飞行数据检查、预处理）提交飞行成果。此外，还要求飞手具备地理信息行业相关工作经验，了解行业发展趋势及各种航测装备及技术；有常规及非常规测量工具的使用经验，如全站仪、GPS 和无人机测绘；有无人机操作及应用技术经验，能熟练操作各种航测成果处理软件，能使用 GPS、Photoshop、遥感、普通地图编制等；熟练操作飞行平台，掌握飞控的调试与使用，熟悉测绘飞行任务。

无人机航拍摄影师的工作内容主要包括：按照导演和摄影的指导要求，执行航拍任务；进行多旋翼无人机的组装、飞行、维护、调试；能够熟练组装、飞行、维护、修理、调试、升级直升机或多旋翼无人机；检查无人机飞控系统工作状态是否正常，相关数据输入是否完整、准确；进行云台安装，调试，升级；正确设置相机、摄像机参数；能够独立规划航拍航线，构图精准；能够适应出差。

二、无人机装调检修工介绍

无人机装调检修工定义：使用设备、工装、工具和调试软件，对无人机进行配件选型、装配、调试、检修与维护的人员。

无人机装调检修工主要工作任务如下：

（1）根据无人机的产品性能等相关要求，对无人机进行配件选型、制作及测试。

（2）按照装配图等相关要求，使用专用工具进行无人机的整机装配。

（3）使用相关调试软件和工具，进行无人机系统和功能模块的联调与测试。

（4）使用专用检测仪器及软件进行无人机各系统的检测、故障分析和诊断。

（5）使用相关工具，根据故障诊断结果进行无人机维修。

（6）使用专用检测工具和软件对修复后的无人机进行性能测试。

（7）根据维护保养手册，对无人机各功能模块进行维护保养。

（8）编制无人机设备装配、测试、检修维修等报告。

近年来，随着无人机技术的发展，无人机已在各行各业展现了其价值，从事无人机装调检修工作的人数逐年增加，遍布全国众多城市，主要分布在各民用无人机生产研发企业、相关应用单位以及院校等。

无人机装调检修工作分布在无人机应用领域的方方面面。目前，民用领域中，地图测绘无人机、地质勘测无人机、灾害监测无人机、气象探测无人机、空中交通管制无人机、边境控制无人机、通信中继无人机、农药喷洒无人机的研究和应用在国内外都在不断地发展，而这些无人机的后面都有无人机装调检修工的身影。无人机装调检修工作为对无人机进行配件选型、装配、调试、检修与维修的人员，针对无人机执行的专业任务不同和不同无人机自身存在差异，还应该具备特定行业工种的准入要求。根据不同工种的无人机装调检修工技能娴熟程度，可以通过职业技能鉴定由初级向高级发展。对于企事业单位而言，无人机装调检修工属于无人机相关企事业单位必备的技术工程师，承担着无人机技术装调检修的主要工作，是无人机技术团队中的主要力量，为企事业单位创造价值。对于个人而言，无人机装调检修工则是职业规划发展的新方向。

三、无人机测绘操控员

无人机测绘操控员定义：使用地面控制系统，操控搭载航摄仪等传感器的无人飞行器进行地表数据采集和影像预处理的人员。

无人机测绘操控员的工作内容如下：

（1）布设地面标志、飞行检校场。

（2）组装无人机设备，安装相机和装调弹射架等。

（3）操作地面监控系统，操控无人飞行器或其他无人机设备，采集地表数据和航空影像数据。

（4）进行航空遥感数据预处理或冲印处理。

（5）维护保养仪器、设备、工具。

无人机测绘操控员在土地测绘、地理信息系统（GIS）、环境监测和其他相关领域具有越来越重要的作用。随着无人机技术的快速发展和越来越广泛的应用，他们成为了连接传统测绘学与现代科技的关键人物。

无人机测绘操控员需要掌握的必备技能包括：

（1）无人机操作：熟悉无人机的起飞、飞行和着陆操作，以及应急处理措施。

（2）地理信息系统（GIS）知识：理解地理信息系统的基本概念，能够将无人机获取的数据整合进 GIS 中。

（3）数据分析：能够对收集的地理和环境数据进行分析和解释。

（4）地图读图和制图：理解基本的地图符号、比例和方向，能够创建和解读地图。

（5）航空法规知识：熟悉与无人机操作相关的法规和标准。

未来，无人机测绘将在精细化测绘、智能化、跨界应用、规范与法规方面有所发展，精细化测绘指的是无人机能够进行更精细和更复杂的测绘任务，如三维建模、环境监测等。智能化指的是随着 AI 和机器学习的发展，无人机测绘操控员需要具备更多高级数据的分析和解释能力。跨界应用指的是除了土地测绘，无人机还可用于农业、林业、紧急救援等多个领域。规范与法规指的是未来可能会有更多专门针对无人机测绘的法规和标准。无人机测绘操控员需要及时掌握行业最新发展动态，及时学习跟进。

上述三个岗位均发布有国家职业技能标准，可以查阅相关文件获知。除了这三类岗位之外，无人机行业还有硬件工程师和教员等多类岗位。

四、无人机硬件工程师

无人机硬件工程师主要负责电气系统、航电设备等选型匹配设计，完成内外部接口及协议标准化设计，完成全机电缆铺设方案设计，完成全机电磁兼容性设计；负责航电设备 PCB 制图与嵌入式软件的编写、移植、调试与维护；负责航电设备产品集成、测试以及设备试制工作，并参与批量产品的跟产工作；参与协调航电设备供货渠道，完成整机联调联试；参与外场飞行试验，处理试飞过程中航电相关的技术和质量问题。能够独立进行电路原理图及硬件 PCB 的设计、调试等，熟练掌握 CAXA 或 AUTO CAD 等软件，可以熟练编制产品图样；熟悉通用机载传感器的应用，可以进行航电系统集成；具有 CCS、CodeWarrior、Keil、Visual Studio、Matlab 等工程经验。

五、无人机教员

2019 年 4 月，人力资源社会保障部与市场监管总局、统计局正式向社会发布了包括无人机驾驶员在内的 13 个新职业信息。2020 年 3 月人力资源社会保障部与市场监管总局、国家统计局联合向社会发布无人机装调检修工等 16 个新职业。无人机相关职业逐渐在社会上崭露头角，无人机电力巡检、无人机农业植保、无人机测绘、无人机环保监测……在广泛应用和市场需求的大背景下，催生了一批以无人机理论知识、实际操控和专业维护为主进行教学的无人机教员。

无人机教员的主要工作内容是按照培训标准和考核标准，严格执行培训流程及课程安排；辅助主教完成教学工作，引导学员熟练掌握无人机驾驶员理论知识及实操技能，保证学员证件资格考试的通过率；带领学员高效、有序完成每日的飞行训练；负责分组设备的管理及维护、调试及电池充电等；负责无人机的组装、调试、故障分析。有扎实的理论基础和丰富的飞行经验，拥有 AOPA 教员证；可以独自完成多轴飞行器的拆装与维护，可以利用相应的材料制作固定翼航模；熟悉无人机法律法规、无人机行业应用、无人机教学等一块或多块业务。

【任务实施】

网络搜索上述岗位的国家技能标准，对照标准，查看自己是否掌握初级的技能，离完全掌握还有多少差距，并以此对自己进行学习规划。

任务 2　走近无人机领域的行家里手

劳动者的素质对一个国家、一个民族发展至关重要。无论是传统制造业还是新兴产业，是工业经济还是数字经济，工匠始终都是产业发展的重要力量，工匠精神也始终是创新创业的重要精神源泉。时代发展，需要大国工匠；迈向新征程，需要大力弘扬工匠精神——执着专注、精益求精、一丝不苟、追求卓越。

【任务相关案例】

任务相关案例内容扫码观看

【课后习题】

1. 请简述无人机驾驶员的岗位职责和要求。
2. 请简述不同类别的无人机从业人员岗位。

学习情境五　无人机如何技术监管

教学目标

知识目标

1. 了解无人机常用合作式监管技术云系统、二次雷达、ADS-B 的概念及在无人机领域的使用。
2. 了解常见的云系统及 UTMISS 系统的功能及使用情况。
3. 了解无人机非合作式监管技术的类别及概念（探测与反制）。
4. 了解无人机监管技术的市场需求及应用领域。

能力目标

1. 能够阐述云系统、二次雷达、ADS-B 的含义及在无人机领域的使用情况。
2. 能够区分云系统和 UTMISS 系统，并且能够写出它们的功能。
3. 能够列举无人机非合作式监管技术并阐述其作用。
4. 能够列举不同类型的无人机监管技术应用的案例。

素质目标

1. 培养学生关注前沿科技、跟踪行业新闻的意识与习惯。
2. 从国家宏观管理角度了解无人机监管方面的政策与措施。
3. 树立牢固的安全观念，做好预案准备。

授课建议

教学结构

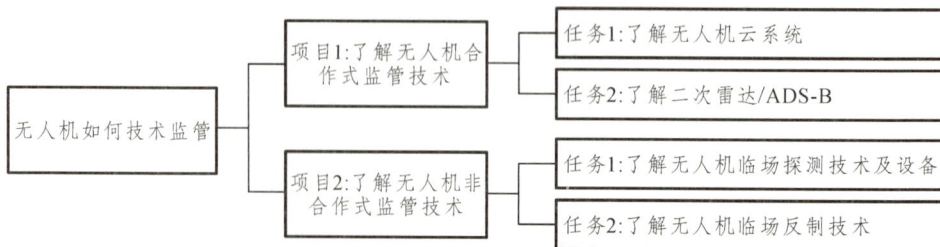

授课课时

项目 1 建议 4 课时，项目 2 建议 2 课时。

项目 1　了解无人机合作式监管技术

近年来，由于操作简单、使用门槛低、应用范围广，民用无人机产业得到快速发展，但随之而来的安全问题也日益突出。2017 年 4 月以来，我国成都、昆明等机场多次发生"无人机扰航"事件，共造成上百架航班备降，严重威胁航空安全。此外无人机偷拍侵犯隐私、窃取情报、坠机伤人、被犯罪分子利用（走私、贩毒、暴恐、劫狱）甚至被用于战争等事件不断进入人们的视线。无人机监管不足已引起社会各界的担忧和重视，政府和业内各界都在积极探索合理的方法以加强和完善对无人机的监管。

无人机监管一般分两种目标，一种是合作目标，一种是非合作目标。

大家理解合作目标就是我们的好人、好同志，他可以主动配合你接受国家、政府和军方的管理。合作类遵循既定规则运行，其安全责任人主动通过某种技术手段按照一定频率实时上报飞行动态，以接受监管部门的监视与管理；非合作目标，顾名思义就是不愿意跟你合作，有意不接受监管的，挑战既定规则的，这类叫非合作目标。

对于合作目标的监管，技术层面主要是三种方式：第一种方式叫基于移动通信网络的主动状态报送，简单点说，就是我们的无人机云系统，这种方式技术相对成熟，成本也比较低，但它受通信覆盖范围、定位精度的影响，可靠性、精确性还有待提高。

具体实现方法主要有两种：一种是通过无人机的通信链路，把无人机飞控内的状态信息数据实时发送给云系统，还可以实现双向链路通信，就是说可以实现对无人机的远程控制。并通过外挂一些数据采集终端，我们俗称各种盒子（box），来采集无人机飞行状态数据，并把它发送回云系统，这是第一种监管方式。

第二种监管方式叫二次雷达，二次雷达由两部分组成，地面的雷达站问询机和机载端的雷达应答机。在"一问一答"过程中完成识别，并获得机载应答机的代码、飞机高度、飞行速度等等内容。但是由于应答机的重量体积和成本的因素，一般只用于大中型无人机，小型无人机不太适合。

第三种方式就是 ADS-B 方式，ADS-B 就是说常说的广播式自动监视系统，装配 ADS-B 应答机的无人机可以自动将位置、高度、速度，这些信息在一定范围内进行广播，从而实现被监视功能。

虽然目前 ADS-B 空中机载端的应答机，它的大小和重量可以说已经达到了无人机的基本需求，它的尺寸大小跟一张信用卡差不多，重量一百克左右，但是由于小型化之后，设备性能目前来看不太稳定，价格比较昂贵，所以这技术在无人机领域没有大范围地广泛获得使用。

对于非合作目标，其实就是两个方面的内容，一是探测，二是反制。

探测有频谱监测，低空雷达探测、声光监测等等方式。反制主要是分两种，一是干扰，二是摧毁。简单说就是说对非合作目标，第一要能够发现识别定位，第二个就是要能够干扰控制甚至摧毁它。

任务 1　了解无人机云系统

【任务相关知识】

一、云系统概念

无人机云监管系统，简称无人机云系统，主要是针对合作无人机的一种监管手段。

云系统概念第一次出现在正式文件中，是在 2015 年，民航局出台了《轻小型无人机运行规定（试行）》。完整定义如下：无人机云系统，简称无人机云，是指轻小型民用无人机运行动态数据库系统，用于向无人机用户提供航行服务，气象服务等。对民用无人机运行数据包括运营信息、位置、高度、速度等等进行实时监测。接入系统的无人机应当及时上传飞行数据，无人机云系统对于侵入电子围栏的无人机要具有报警功能。云端监管是依托互联网技术发展起来的，通过无人机定位设备获取无人机位置及飞行状态信息，并按一定的数据接口规范将信息推送至特定的云端，云端之间通过无人机云交换系统实现全国无人机定位及飞行状态信息的交换与共享。

二、云系统提供商

2016 年 3 月，民航局飞行标准司给优云（U-Cloud）发出第一张"无人机云批准信"，到 2019 年 4 月，民航局飞行标准司给中科天网发出第十一张"无人机云批准信"，一共发出十一张"无人机云批准信"，俗称"十一朵云"。这"十一朵云"中，"飞云"于 2018 年 8 月 31 日到期后资质失效，其余十"朵"目前有效。

"十一朵云"由不同背景的提供商运营，各自的系统功能结构及服务侧重点有所不同，用户数量差别也较大，主要包括：

（一）U-Cloud

U-Cloud 的提供商是北京优云智翔航空科技有限公司，是审批通过的首家无人机云系统，批准时间是 2016 年 2 月 13 日。优云是中国航空器拥有者及驾驶员协会（简称中国 AOPA）无人机管理办公室顺应无人机和"互联网+"发展趋势，利用协会自身优势，与相关部门与企业合作，推动和加速互联网向低空民用无人机监管领域拓展，共同研发的低空空域民用无人机飞行管理动态大数据云系统，可满足数量庞大的无人机群体的飞行数据管理。

（二）U-Care

U-Care 的提供商是青岛云世纪信息科技有限公司。U-Care 系统是国内首个基于民用航空行业标准，符合空管雷达数据传输规范的无人机管控系统，于 2018 年 4 月正式改名为优凯飞行。它除了具备无人机与驾驶员管理、飞行计划和服务管理、航空资料大数据等基本功能，还在地图使用、飞行计划审批和空域监管上结合了国内的空域资源管理现状，在系统中直接预留了与军民航空管监视系统的接口。

（三）Flying-Cloud

Flying-Cloud 的提供商是中电科航空电子有限公司。Flying-Cloud 支持互联网、北斗低空雷达、2G/3G/4G 等多种链路数据接入。接入后，无论在室内还是室外，可随时通过电脑、手机 App 管理和监管各类民用无人机。该系统还结合了禁航区数据和地理围栏，无人机侵入地理围栏时可自动警告。它还与西南空管局实行了数据对接，可提供更为准确的气象信息。

（四）北斗云

北斗云的提供商是北京中斗科技股份有限公司。北斗云无人机云系统是具备飞手注册、培训管理、飞行计划管理、无人机低空定位、轨迹跟踪、地理围栏、空中防撞、越界警告、线路优化、气象情报、动态监测、数据分析（包括位置、高度、速度等统计分析）等功能于一体的智能化管控平台。为配合法规政策实施，它授权植保无人机企业进行数据接入，2017 年极飞科技便将其无人机数据接入了北斗云。

（五）无忧云

无忧云的提供商是北京云无忧大数据科技有限公司。无忧云除了能实现无人机的监管功能外，还首次实现了对授权无人机进行简单控制的功能，是由民航局授权的唯一一家能实现 B 级控制的云系统供应商。无人机云系统接口等级分为 A、B 两级，A 级接口可以实现对无人机实时监视，B 级接口则能在监视功能外对无人机进行简单控制，包括悬停、降落等。

（六）大　翼

大翼鹰眼云的提供商是南京大翼航空科技有限公司。接入大翼鹰眼无人机云系统后，可查看无人机的连接状态、天气情况和飞行建议，还可进行无人机任务的协同规划与指挥调度、航拍数据的远程实时显示、飞行记录和无人机地理空间数据（飞行轨迹、禁航区）的三维可视化展示以及倾斜摄影数据的建模展示等功能。

（七）知　翼

知翼的提供商是千寻位置网络有限公司。知翼可为接入平台的无人机提供 3D 可视化功能，实时跟踪飞行中的无人机。可构建 4D 时空地理围栏，进行空间精细化的动态监管。具备无人机轨迹的事后分析能力。知翼基于运营人、无人机、驾驶员及空域申请等内容构建了监管信息，并融合气象等数据，可多维度助力无人机安全飞行。

（八）云　网

云网的提供商是天宇经纬科技有限公司。云网面向各类无人机用户和服务商，提供远程、实时、宽带的网络测控接入和大数据服务。可提供无人机飞行数据实时传输、存储和分发，飞行数据处理、分析、交易以及空域、保险、气象、飞行、咨询等一站式服务体系。

（九）极飞云

极飞云的提供商是广州极飞科技有限公司。极飞云是国内第一个，也是目前唯一一个获批的农林植保专用云服务系统。极飞的云服务系统能够帮助客户在使用极飞无人机进行喷洒作业时，实时掌握作业信息，保证作业安全可溯。同时极飞云也为极飞保障提供历史故障记录，便于极飞更加细致地为客户服务。实施农林喷洒作业的运营人可在其运行时保存服务相关的喷洒数据。确保极飞的用户能够方便、快捷地接入云系统记录并保存喷洒数据，安全、合规地进行喷洒作业。

（十）拓攻云

拓攻云的提供商是上海拓攻机器人有限公司（TOPXGUN）。拓攻云可以对民用无人机的运行数据进行实时监测，对无人机运营人、无人机驾驶员、无人机作业空域申请进行管理，对无人机违法飞行行为进行监视和报警，同时可以向无人机用户提供气象服务，与相关部门和其他无人机云提供商共享数据。拓攻无人机飞控系统用户可以通过飞控附带的 4G 通信模块或拓攻的地面站软件（PC/App）实时上报无人机的飞行数据。

（十一）中科天网

中科天网由中国科学院地理科学与资源研究所、中国科学院无人机应用与管控研究中心、北京星球时空科技有限公司、深圳飞马机器人科技有限公司、天津中科无人机应用研究院等联合研发而成，由北京星球时空科技有限公司负责技术维护和运行支撑。

三、国家监管平台 UTMISS 介绍

无人驾驶航空器空管信息服务系统，简称 UTMISS（Unmanned Traffic Management Information Service System），是民航局配合《民用无人驾驶航空器系统空中交通管理办法》推出的一套飞行数据管理系统，通过收集无人机或其他民用无人驾驶航空器的飞行动态（包括：实时位置、高度、速度、飞行方向和序列），对无人机或其他民用无人驾驶航空器的飞行活动进行管理、研究，同时与相关法定管理部门之间根据职责共享其中的信息。

UTMISS 由民航二所作为主体单位进行开发，该系统完全满足国际民航组织针对无人

机空中交通管理提出的身份识别、合作目标监视、电子围栏三项关键功能需求，且具备无人机飞行风险评估、飞行轨迹避撞告警、实时警告等信息推送方面的功能。符合无人机分级分类监管的原则。

民航局于 2017 年下发文件，要求民航二所作为牵头技术支持单位，在深圳地区开展无人驾驶航空器空管信息服务系统（UTMISS）试点。2018 年，中央空管委委托国家空域技术管理重点实验室作为技术支持单位，结合解放军空军年度工作计划，在南部战区空军组织下，在深圳地区开展无人机综合管理试点。上述两项试点工作高度关联，紧密结合，统筹考虑深圳市政府、深圳市公安局在无人机管控中的业务需求以及无人机厂商和用户在作业中的服务需求。中央空管委、解放军空军、中国民航局、深圳市政府等部门经多次讨论协商，明确要在相关试点工作中研究国家无人机综合管理与服务体系架构和管理制度流程；以空军空域管理系统、民航 UTMISS 系统、公安无人机管控系统、其他政府无人机监管系统等为基础，开发涵盖军民航、公安机关、政府其他相关机构业务管理需求的全国无人机综合管理验证平台，积累经验，以期向全国推广。

2018 年 11 月 19 日，民航局在深圳地区无人机飞行管理试点工作正式启动，并上线无人驾驶航空器空管信息服务系统（UTMISS）。主要将轻、小型无人机纳入实时管理范围。通过该系统释放的轻型无人机 120 m 以下适飞空域，占整个深圳试点区域面积的 63%。现系统已实现限飞空域划设、空域信息提供、计划申请、飞行提示等服务。实现民航、军方、公安三方数据共享。同时，UTMISS 通过与民航无人机实名登记系统等的数据互联，可随时获取每台无人机的生产序列号和注册码，如果用户违规飞行（如进入禁航区），UTMISS 系统将会向监管单位自动报警，监管单位将空情查证结果反馈至市公安局，根据违规情况和造成的后果进行相应的处置。

只要无人机起飞，UTMISS 平台就能监控到合作类无人机实时位置、高度、速度等飞行动态数据，这不仅助力了飞行安全和空防安全保障，也为公安部门实施高效社会公共安全治理提供了数据支撑。UTMISS 现已接入全国 23 家厂商共计 150 款机型，为全国范围约 95% 的民用无人机飞行活动提供实时监视和自动预警服务，有力地带动了全国无人机上下游产业健康发展。在 2022 年度中国交通运输协会科学技术奖评选中，UTMISS 因突破了无人机管控难题，获"科技进步奖特等奖"

四、无人机云系统主要的功能特点

从云系统定义上就可以看出，云系统服务的对象、用户其实是分两大类，一类是作为管理方的，如民航局、空军、公安还有政府相关部门，另一方面是对无人机应用方，如无人机的生产厂家、运营企业、飞手，包括一些无人机个人用户。无人机云的相应功能，也分为管理功能和服务功能两大类。主要有以下几个方面（见图 5-1-1）：

第一个功能特点是实时监视。对入云无人机的实时飞行状态进行监视，掌握无人机的位置、速度、高度各项参数指标，并用可视化的方式在系统上进行显示。同时还要把相关信息传递给民航局的云交换系统。在数据采集频率上，一般在人口稠密区要达到每秒一次以上，在非人口稠密区一般至少要达到 30 秒一次。假如网络信号中断，系统还要具备数据暂存功能，待网络恢复之后再续传，确保监视数据的连贯性。

第二个功能特点是电子围栏。电子围栏是指为阻挡即将侵入特定区域的航空器，在相应的电子地理范围中划出的特定区域，并配合飞控系统，保障区域安全的软硬件系统。在民航局《无人机围栏》（行业标准 MH/T 2008—2017）中，对电子围栏的种类、数据类型、功能要求、在无人机系统和云系统中的要求等进行了明确的规定。电子围栏可以是长期的、永久的，比如机场的净空保护区；也可以是临时的，比如一些重要会议，重大赛事活动期间临时划设的临时电子围栏。从另外一个角度，电子围栏可以是禁止进入的，也可以是禁止出来的。到底是哪种类型，它是要根据用户的实际需要来定义和修改。所以在我们云系统里面，电子围栏更多的作用是告示用户，到底哪儿能飞，哪不能飞。

第三个功能特点是状态预警。有了实时位置，有了电子围栏，对用户的飞行行为进行分析评估，对违规行为及时提醒，就变成了云系统很重要的服务内容。比如一架无人机在接入限飞区或者禁航区的时候，当接近距离到了一定程度时，云系统会自动给无人机驾驶员报警，提示假如继续再朝着限飞区或禁航区飞，系统会继续进行警告，同时要把相关的情况及时通报给空军或者民航的相关部门，并把数据保存好，作为后续查证的工作依据。

第四个功能特点是历史回放。不管是为了违规查证还是可追溯性，按照民航局的要求，系统内的无人机数据，都是要长期保存的。无人机云系统数据则都是永久保存的，既能为管理部门进行违规查处提供数据支持，也还可以为无人机厂家（包括一些保险机构）提供一些相关的数据分析和保险理赔数据、支持和分析报告。

第五个功能特点是飞手管理。去年 8 月 31 日，民航局颁发的民用无人机驾驶员管理规定，对民用无人机驾驶员的飞行经历问题进行了重新明确，要求民用无人机驾驶员的执照申请、改变等级、执照续审，都需要采用电子履历。电子履历主要来自云系统的记录，在对飞手飞行活动的监管过程中，实现飞行记录的登记和统计功能。我们已经按照民航局的要求进行升级，完全能够提供这方面的服务。

第六个功能特点是行业服务支持，为行业应用提供平台和数据支持。比如农业植保领域，云系统对植保无人机主要起两方面的作用，一是未来只要接到云系统，在相应的区域、高度内飞行，就不用再申报飞行计划了，这将是一个非常便利的情况。二是接入云系统之后，采集到了作业和飞行作业数据，飞手才能有资格领取植保农机补贴。此外，在无人机培训领域，能为培训机构的教员、学员提供飞行过程中的监控（包括数据分析），以便教员学员能够更好地、有针对性地培训。

第七个方面，一般各家无人机云，都会提供一些额外服务，比如气象预报、保险、空域查询、飞行计划在线申报等等，属增值服务，以期为用户提供更好的服务体验。

无人机云监管系统介绍

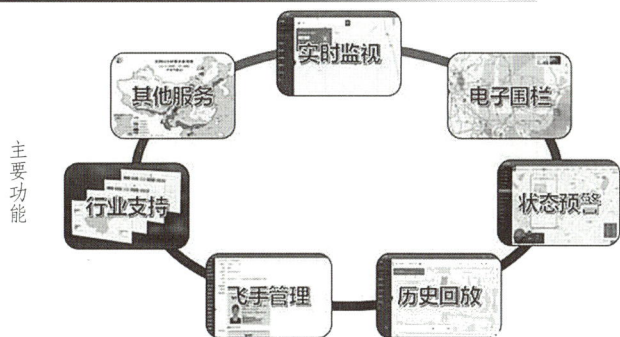

云无忧大数据
SU Cloud

图 5-1-1　无人机云监管系统

五、云系统技术规范

民航局于 2017 年 11 月发布《无人机云系统接口数据规范》行业标准，我国也由此成为全球范围内最早出台此类行业标准的国家。这部行业标准于 2017 年 12 月正式实施，对统一行业标准、促进无人机行业协调发展发挥了重要作用。

《无人机云系统接口数据规范》规定了轻小型民用无人机系统与无人机云系统之间传输数据的要求，包括数据加密、编码规则、性能等。无人机系统和无人机云系统按照上述规范要求的数据接口进行双向通信。无人机用户可以根据运行需求选择加入无人机云系统。无人机云系统可以向无人机用户提供航行服务、气象服务等。无人机系统应将飞行数据及时上报。无人机云系统对加入的无人机可实现地理围栏触发报警等功能。

根据《无人机云系统接口数据规范》，无人机系统向云系统提供数据内容包括：①无人机注册信息。注册信息是无人机系统向无人机云系统传输无人机相关身份标识的信息，以及无人机云系统为无人机生成的编码，应至少包括产品序列号（MSN）、飞控系统序列号（FCSN）、国籍登记标志或实名注册编码（REG）、无人机云运营商在云系统中为无人机生成的编号（CPN）。②无人机动态信息。动态信息是表征无人机实时运行状况的信息，内容至少包括 CPN、经度、纬度、高度、地速、航向、定位精度、时间等内容，无人机云系统所使用的经纬度坐标，均为 WGS-84 坐标。③无人机驾驶员登记信息。

无人机云系统应具备有线或无线通信功能，同时无人机云系统与无人机系统传输的数据应包含以下内容：①指令一，编码为 MAYDAYMAYDAYMAYDAY，表示无人机接到该指令后，在指定区域内的无人机须立即降落；②指令二，编码为 PANPANPANPANPANPAN，表示无人机接到该指令后，在 1 h 之内离开指定区域，无法离开的完成返航备降；③指令三，编码为 CLEANCLEANCLEAN，表示无人机接到该指令后，在 3 h 之内离开指定区域，无法离开的完成返航备降。

随着无人机应用的广度和深度的快速扩大和加深，无人机系统与无人机云系统之间传输的内容也会随之发生变化，无人机云系统接口数据规范技术也处于不断完善之中。

六、无人机云系统发展方向

首先是飞行服务更加完善，不管是面向政府部门还是无人机企业用户，特别是随着国家低空开放进程的推进，为用户提供方便、可靠、快捷的飞行服务，必然会成为今后一段时间重点的努力方向。

无论是娱乐消费级，还是像农业植保、快递、物流、巡逻、巡检等等行业应用，不断的需求，将大力推动军方、民航、空管系统，包括各地方政府相关的个信息通道的打通，构建一体化的空中监视服务体系，必然是未来发展的一个重点。特别是在线空域申请、计划申报、航路规划、微气象服务等方面，针对用户实际飞行需求的定制化服务，将通过与用户直接对接的各个云系统提供商，以免费或收费的形式提供给广大用户，满足不同客户的多样化需求。

其次是监管技术会越来越可靠。目前云系统对无人机的监管手段，主要还是靠 GPS、北斗等定位系统，再加上移动通信数据传输网络来实现。但是受到移动网络覆盖范围和高度影响，100 m 以上，特别 120～150 m 以上高度信号不稳定，还有山区包括农村偏远地区，特别是农田区域内网络信号不稳定，造成数据无法稳定传输，这就影响了稳定可靠的无人机监管。而且由于通用的民用 GPS 精度都是米级的，差不多在 ±5 m 的误差范围内，所以监视的精准性、安全性不太够。随着 RTK 技术的广泛应用，可以达到厘米级的应用。包括未来的 5G 技术，我们的北斗卫星组网，因为北斗有个短报文功能，在通信链路中断的时候，能以短报文的形式继续维持位置服务，借此未来能够为用户提供低成本高精度高可靠性的服务。

2017 年下半年，中国移动、华为、相关的无人机云提供商，还有一些无人机的整机厂商，共同进行了低空联网无人机安全飞行测试，经过网络空间优化，4G 信号可以覆盖到 300 m 高度，5G 信号可以覆盖到 1 000 m 以下，如果采用专用对空蜂窝通信，可以覆盖到 10 000 m 以下特定航路空域。这个范围对未来的无人机的通信网络来说足够用了，特别是在低空的领域。

最后是空中交通将更加智能。无论是无人机本身的硬件发展，还是说我们云系统的发展，未来的目标都是要建立智能化的空中交管系统。空中交通的关键在于空域管理技术，目前采用的主要是分区域划分，这样虽对管理方来说非常简单省事，但是对空域使用的效率来讲却是一种极大的浪费。下一步发展的方向肯定是要引入分层、分区域相结合的方式，也就是说在普遍分区域的同时，在每个区域内部还要进行分层划分。类似一个大厦，一个大楼里各个楼层不同的无人机，分别在不同的楼层飞行，高空有大飞机，中空有小飞机，低空有无人机，在同一个空域垂直的领域，可以细分一下，充分利用空域资源，再下一步的发展就是基于空域的动态管理，根据运营的需要，客户的变化动态调整，有的时候空域是给大飞机飞的，有的时候则可以让给小飞机飞。

这种动态的管理还必须辅之以目标感知和避让技术，除了地面系统的管理技术方法之外，在空的飞机，本身必须有主动对目标感知和避让的技术、防相撞的技术，最终实现空中动态飞机的防止相撞功能，实现所有无人机都能够想飞就飞，安全地飞，有序地飞。高空有运输航空大飞机，中间有通用航空的有人机和大中型无人机，低空有小的有人机和无人机，就像地面上的火车、汽车、自行车一样，它们各走各的路，互不影响。

总体来讲，未来的无人机云系统在技术上将具有更可靠的通信链路，更精准的状态采集，更多样的接入方式。在服务上，统一的服务接口，将会为用户提供更便捷、快捷、廉价的公共服务。各家云提供商在不同的行业应用中，为用户提供个性化的增值服务，在安全方面，随着法律法规的完善，技术的提高，大家安全意识的增强，管理模式的不断成熟，势必也会加强空中秩序，从而也促进我们中国无人机产业的发展。争取能把无人机这张中国智造名片推向全球。

七、无人机云交换平台

为解决同一空域下注册无人机互相可见的问题，民航局委托中国民航科学技术研究院开发了无人机云交换平台，以供多家无人机云系统进行实时数据交换和共享。

无人机云系统（见图 5-1-2）应该具备接收交换系统转发的国家无人机综合监管平台、无人机数据存储系统、无人机实名登记系统，以及国家法律法规所要求的其他系统的数据能力。无人机云系统飞行数据同步要求：①无人机云系统应具备每 5 s 向交换系统上传一次所有飞机的飞行数据的能力；②交换平台应具备每 5 s 向无人机云更新一次其他无人机云系统上报的飞行数据的能力。连续 3 个月达到 2 000 架次及以上的无人机云系统可参与交换系统的数据共享和交换，当无人机云系统的前 12 个月的月平均运行量低于 2 000 架次，则暂停其与交换系统的交互。

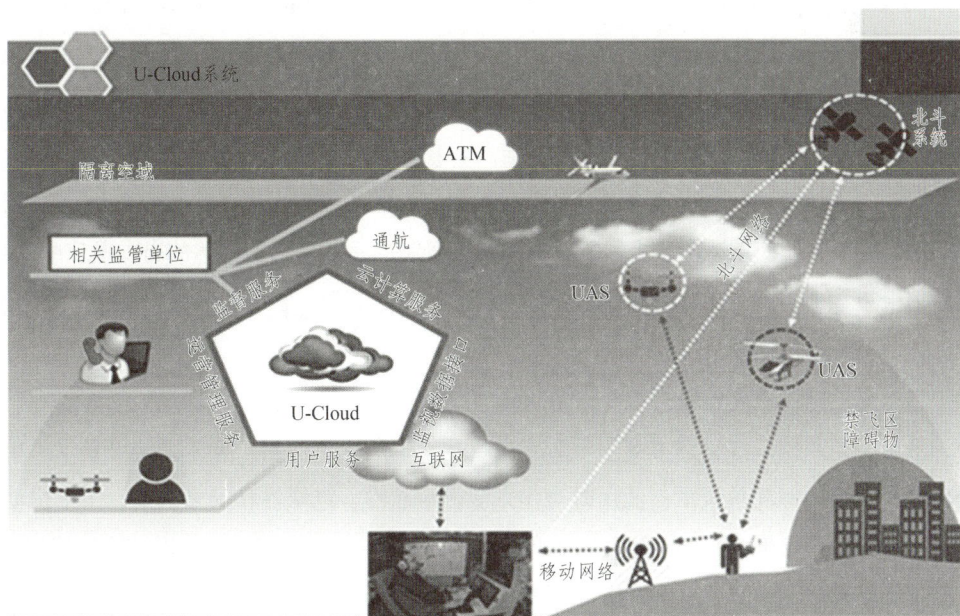

图 5-1-2　U-Cloud 系统示意图

任务 2　了解二次雷达/ADS-B

【任务相关知识】

一、二次雷达

雷达本质是无线电检测与测距，雷达的最终目的是发现目标，并测量其距离。其中一次雷达与二次雷达是雷达家族中最常见的成员。一次雷达是通过检测自己发射的电磁波遇到物体后的反射信号来对空中飞行物进行检测。其优点是具有较高的距离与方位精度，并能得出飞行物体的飞行速度；二次雷达发射一组询问编码信号，装有机载应答机的飞机接收到询问信号后，转发一组应答编码信号，通过"询问–应答"的方式工作，期间需要两次辐射，因此被称为二次雷达。

二次雷达是由询问雷达和应答雷达所组成的无线电电子测位和辨认系统。询问雷达发射电磁波，应答雷达（又称雷达信标）接收到询问电磁波后被触发，发射应答电磁波，询问雷达根据接收到的应答电磁而工作，实现识辨和测位。二次雷达的询问雷达和目标上的应答雷达之间按主动扫描询问和被动应答配合工作。询问雷达一般固定在地面，其扫描波束的脉冲用询问信号编码，应答雷达的应答脉冲带有自身代号的编码。询问脉冲和应答脉冲的载波频率是不同的，因而可防止误收发射波。

二次雷达，也叫作空管雷达信标系统（Air Traffic Control Radar Beacon System，ATCRBS）。它最初是在空战中为了使雷达分辨出敌我双方的飞机而发展的敌我识别系统，当把这个系统的基本原理和部件经过发展后用于民航的空中交通管制后，就成了二次雷达系统。

管制员通过二次雷达很容易便能获得飞机的二次雷达应答机代码、飞行高度、飞行速度、航向等参数，使雷达由监视的工具变为空中管制的手段，二次雷达的出现是空中交通管制的最重大的技术进展，二次雷达要和一次雷达一起工作，它的主天线安装在一次雷达的上方，和一次雷达同步旋转。

二次雷达探测距离一般为 $300 \sim 370$ km。

低空小型监视二次雷达主要用于对空中目标的探测定位侦察，要求系统设备尺寸小，重量轻，安装拆卸简单灵活；使用时操作方便，可靠性、维修性和安全性高；灵活机动，适用于各种应用场景，便于移动布设；物理设备体积小、重量轻，可用于车载或临时架设，安装拆卸简单灵活，使用操作方便；要求系统实现的定位监视数据精度高、实时性强且目标航迹的连续性好。

知识拓展：空管雷达及系统—— 空中管制的"千里眼"

知识拓展内容扫码观看

二、ADS-B

ADS-B 系统即广播式自动相关监视系统，由多地面站和机载站构成，以网状、多点对多点方式完成数据双向通信。它主要实施空对空监视。ADS-B 系统是个集通信与监视于一体的信息系统，由信息源、信息传输通道和信息处理与显示三部分组成，如图 5-1-3 所示。

ADS-B 是广播式自动相关监视的英文缩写：

Automatic——自动，全天候运行，无须职守。

Dependent——相关，它只需要于依赖精确的全球卫星导航定位数据。

Surveillance——监视，监视（获得）飞机位置、高度、速度、航向、识别号和其他信息。

Broadcast——广播，无须应答，飞机之间或与地面站互相广播各自的数据信息。

（1）信息源。

ADS-B 的主要信息是飞机的四维位置信息（经度、纬度、高度和时间）和其他可能附加信息（冲突告警信息，飞行员输入信息，航迹角、航线拐点等信息）以及飞机的识别信息和类别信息。此外，还可能包括一些别的附加信息，如航向、空速、风速、风向和飞机外界温度等。

这些信息可以由以下航空电子设备得到：①全球卫星导航系统（GNSS）；②惯性导航系统（INS）；③惯性参考系统（IRS）；④飞行管理器；⑤其他机载传感器。

（2）信息传输通道。

ADS-B 的信息传输通道以 ADS-B 报文形式，通过空-空、空-地数据链广播式传播。

（3）信息处理与显示。

ADS-B 的信息处理与显示主要包括位置信息和其他附加信息的提取、处理及有效算法，并且形成清晰、直观的背景地图和航迹、交通态势分布、参数窗口以及报文窗口等，最后通过伪雷达画面实时地将信息提供给用户。

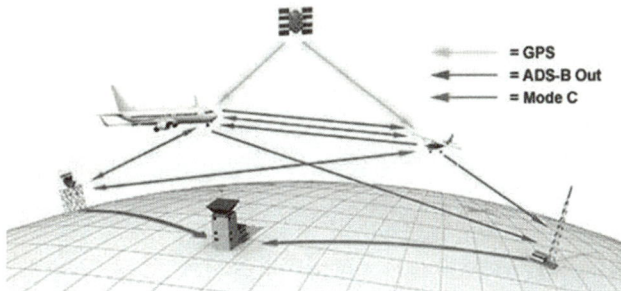

图 5-1-3　ADS-B 系统

ADS-B 系统功能模块主要由三部分组成，包括机载设备、地面收发及处理应用设备、通信链路和传输网络。

（1）机载设备。

与 ADS-B 功能相关的机载设备，主要包括机载全球导航卫星系统（GNSS）接收机/多模式接收机（MMR）、数据链系统和 IN 功能所需的交通信息驾驶舱显示（CDTI）等。

（2）地面收发及处理应用设备。

ADS-B（1090ES）地面设备，主要包括 1090ES 模式、UAT 模式地面站以及相关信息处理和应用设备。ADS-B 地面站将收到的空中广播信息处理后，将处理结果在管制员监控终端上显示以便为监视和管制提供参考，也可以接入自动化空中交通管理系统供相关部门和人员参考使用，或者将收集到的广域监视信息进行监视完好性和一致性校验。

ADS-B 地面站也可以向航空器发送信息，即空中交通情报服务广播（TIS-B）和飞行信息服务广播（FIS-B）。ADS-B 地面站将收到的航空器位置信息送给监视数据处理系统（SDPS），同时 SDPS 也接收雷达和其他监视设备的数据，SDPS 将所有监视数据融合为统一的目标位置，并发送给 TIS-B 服务器。TIS-B 服务器将信息集成和过滤后，生成空中交通监视全景信息，再通过 ADS-B 地面站发送给航空器，以便机组获得周边交通信息。FIS-B 主要向航空器发送气象和航行情报等信息，以便让机组及时了解航路气象和空域限制信息，为飞行安全提供保障。

（3）通信链路和传输网络。

ADS-B 信息传输依靠无线和有线通信方式，OUT 和 IN 功能都基于数据链通信技术。空地、空空数据链有三种：基于异频收发的 S 模式 SSR 收发机的 1090ES 数据链、UAT 模式数据链（如 978 MHz）和模式 4 甚高频数据链（VDL-4）。对于 ADS-B 广域监视、TIS-B 信息和 FIS-B 信息接入、自动化空中交通管理系统信息综合等，还需要地面有线或者其他无线通信方式和网络。

相对于航空器的信息传递方向，ADS-B 分为两类：发送（OUT）和接收（IN）。其中 OUT 是 ADS-B 的基本功能，它负责将信号从飞机发送方经过视距传播发送给地面接收站或者其他飞机。ADS-B IN 是指航空器接收其他航空器发送的 ADS-B OUT 信息或地面服务设备发送的信息，为机组提供运行支持和情境意识，如冲突告警信息、避碰策略、气象信息。

空中交通管制：ADS-B 技术用于空中交通管制，可以在无法部署航管雷达的地区为航空器提供优于雷达间隔标准的虚拟雷达管制服务；在雷达覆盖地区，即使不增加雷达设备也能以较低代价增强雷达系统监视能力，提高航路乃至终端区的飞行容量；多点 ADS-B 地面设备联网，可作为雷达监视网的旁路系统，并可提供不低于雷达间隔标准的空管服务；利用 ADS-B 技术还在较大的区域内实现飞行动态监视，以改进飞行流量管理；利用 ADS-B 的上行数据广播，还能为运行中的航空器提供各类情报服务。ADS-B 技术在空管上的应用，预示着传统的空中交通监视技术即将发生重大变革。

加强空-空协同：ADS-B 技术用于加强空-空协同，能提高飞行中航空器之间的相互监视能力。与应答式机载避撞系统（ACAS/TCAS）相比，ADS-B 的位置报告是自发广播式的，航空器之间无须发出问询即可接收和处理渐近航空器的位置报告，因此能有效提高航空器间的协同能力，增强机载避撞系统 TCAS 的性能，实现航空器运行中既能保持最小安全间隔又能避免和解决冲突的空-空协同目的。通过 ADS-B 系统的这一能力，将保持飞行安全间隔的责任更多地向空中进行转移，这是实现"自由飞行"不可或缺的技术基础。

空港场面活动监视：ADS-B 技术用于机场地面活动区，可以以较低成本实现航空器的场面活动监视。在繁忙机场，即使装置了场面监视雷达，也难以完全覆盖航站楼的各向停机位，空中交通管理"登机门到登机门"的管理预期一直难以成为现实。利用 ADS-B 技术，通过接收和处理 ADS-B 广播信息，将活动航空器的监视从空中一直延伸到机场登机桥，因此能辅助场面监视雷达，实现"门到门"的空中交通管理。甚至可以不依赖场面监视雷达，实现对机场地面移动目标的管理。

案例链接 7：大疆应用 ADS-B

长期以来，无人机干扰甚至威胁民航班机正常飞行的事件时有发生。在 2024 年的全球移动通信大会（MWC）上，大疆（DJI）在其 M200 系列无人机中首次使用 ADS-B（广播式自动相关监视系统），侦测其附近的飞机或直升机，并将该信息反馈给操作者，以降低无人机干扰飞机的风险。

ADS-B 系统通过安装在无人机上的接收器探测其周围飞机的位置、飞行高度和速度等信息，继而传给无人机操作者，方便其在必要的情况下规避飞机。

M200 系列无人机飞行距离可达 7 km，连续飞行时间可达到 38 min。该款无人机专为工业应用而设计，如检查电源线、绘制建筑图等。

【课后习题】

1. 请简述无人机合作式监管和非合作式监管的区别。
2. 请简述无人机云系统应具备的基本功能。
3. 请简述二次雷达和 ADS-B 在民航中的应用情况。

项目 2　了解无人机非合作式监管技术

由于无人机作为空域新用户的强势加入，低空空域运行管理成为一个全新的领域，目前，我国的无人机运行处于行业发展初期，政府采用的"弱监管"模式，是成本最低、速度最快的行业创新和试错发展路径。与其他新技术和新行业一样，都会经历一段时间的野蛮生长，对那些经历了顽强拼杀的企业，如何对其进行高效监管将成为行业主管部门面临的重要问题。

无人机侦测和反制系统是对日益增长的无人机使用带来的安全挑战的直接回应。随着无人机技术的不断发展，这些系统也在不断进步，以应对更加复杂和多样化的威胁。从军事基地到民用机场，从大型公共活动到私人场合，无人机侦测和反制技术都正在成为保障安全的关键工具。

任务 1　了解无人机临场探测技术及设备

【任务相关知识】

对民用无人机的临场监管，要分为重点区域管理和突发状况处置，需要加强军民融合，采用成熟的新技术结合传统手段，并加强与公安部门的联合。同时，应该增强监管，推动低空监管措施发展。

一、雷达探测

雷达一直是航空器探测的重要方式，国内相关院所和企业一直在不断探索针对"低慢小"航空器的低空探测雷达的研发工作。

在雷达探测方面，目前存在两个技术方向：有源雷达和无源雷达。两者各有优缺点，也可以搭配起来使用。有源雷达作用距离远，如英国反无人机系统（AUDS），其工作原理是发射 Ku 波段进行扫描探测（类似蝙蝠定位），能够探测数千米甚至 10 km 外的无人机，但是可能会影响附近卫星通信设备，同时在雨天、雾天，该波段也容易因空气湿度大而造成功率损耗；无源雷达作用距离较近，目前能够实现 1 km 范围内无人机信号的无源定位。

无源雷达不主动发射无线电波，因此不会对周边电子设备造成影响，适合部署在机场净空区等区域。

二、可见光和红外探测

可见光和红外探测是探测低慢小目标的常见手段，也可以结合雷达探测一起使用，利用可见光和红外探测设备能够准确判断低慢小目标的种类，结合转动机构能够实现对于低慢小目标的跟踪，为打击武器提供输入。

三、电磁频谱探测

无人机与地面遥控者通过遥控系统和图像传输系统进行通信，遥控负责把操作者的指令传达给无人机，图像把相机的取景画面、飞行数据等信息传到操作者的屏幕上。两个系统都是采用不同频率的无线电进行传送，无人机遥控通常采用 2.4 G 频率的信号进行操作指令传输，无人机利用卫星导航飞行时，数传模块会将飞行相关信息(如位置、自身状态、电量信息等)回传至地面控制端，以确保飞行安全。因此，可利用无线电监测设备发现无人机的数传和图传链路信号，从而实现对无人机目标的发现。

通过无线电磁频谱监测的方式适用于各种类型的无人机，可安装在任何需要控制的区域，允许 7×24 h 的无间隔监控和记录。另外，可以捕捉隐藏在建筑物、工厂和树木间的无人机信号，有效侦测到无人机操作者。现有典型监测系统具备对无人机的有效监测发现能力：2.4 GHz 的控制信号，侦测范围约 $1 \sim 2$ km；433/868/920 MHz 的数传信号，有效侦测范围约 $2 \sim 3$ km；5.8 GHz 的图传信号，侦测范围约 1 km。但如果无人机目标不发射无线电信号，处于"静默"状态，将无法使用电磁频谱方法进行有效发现。无人机无线电频谱侦测系统如图 5-2-1 所示。

图 5-2-1　LX-SPEC1020 无人机无线电频谱侦测系统

四、无线射频探测

美国 Dedrone 公司的无人机探测系统利用分布式声学、光学传感器、无线射频感测器综合侦测无人机，可及时并提前发现无人机的非法靠近。该公司 Drone Tracker 系统目前应用了相机、声波和超声波传感器，并升级了无线网络传感器，通过 Wi-Fi 信号探测无人机，这些 Wi-Fi 信号既可能是控制无人机的智能手机发出的，也可能是机载相机向操作员传输视频信号时发出的。新的传感器还能读出发射装置的 MAC 地址，从而可以识别无人机模型甚至个人设备。新版 Drone Tracker 声称能侦测最广阔的频谱，并辨别不同无线射频协定，宣称可准确辨识大疆品牌的所有机型。

在无人机临场监管中，探测发现是一个难点。从技术层面来看，虽然雷达探测距离远，但是容易造成误判和漏判，其他探测方法的探测距离虽短，但是能够准确识别低慢小目标。因此，最好的形式就是综合运用雷达和光电红外等设备一起对无人机进行探测识别，同时还要综合布置进行多方位判断。

五、声光监测技术

声光监测技术是利用可以识别声音库中存储的无人机独特引擎声的声学传感器辅以光电和红外摄像机手段来定位无人机。无人机飞行高度比较低，飞行速度慢，其声音和影像相比高空高速飞行物更容易被地面传感器截获。因此，可将声音传感器和高清（红外）摄像头等光学传感器部署于防控区域外围，当声音传感器监听到声音后，可通过数据库比对，从而发现无人机，也可控制光学传感器进行搜索确认，从而实现对无人机的监测，声音监测单一技术应用有效距离短，一般不足 100 m。美国 Drone Shield 公司最早宣传利用声音感知技术来探测无人机，北京理工全盛研制生产的 BAT-Capturer 集成了音频侦测器、Wi-Fi 频谱侦测器、广角摄像机、近红外摄像机等多种传感器，可对 500 m 范围内入侵无人机进行预警，对 100 m 半径核心区域进行全天候的实时侦测和报警。相关无人机监测技术对比如表 5-2-1 所示。

表 5-2-1　无人机监测技术对比

序号	技术名称	优点/特点	缺点	备注
1	频谱监测	1. 能够对无人机和操控者位置进行双监测定位； 2. 能够对主流遥控信号、图传信号进行监测，主流产品可涵盖 30 MHz ～ 6 000 MHz	1. 无人机遥控、图传信号频段多样，难以完全覆盖。 2. 无法对于航模或航线预先规划航线的无人机等无线电静默类型进行监测	国际主流应用，有效性高
2	雷达搜索	1. 探测距离远； 2. 能够对固定翼等静默目标进行监测； 3. 要求被监测目标具备一定的雷达反射面积	1. 对于悬停目标易过滤； 2. 对环境要求高，适用于空旷区域。 3. 造价昂贵，普通 5 km 探测距离的雷达造价约为 400 万元	适应用于高戒备区域
3	光电、红外监测	1. 利用可见光或红外影像进行识别； 2. 对能见度要求高	1. 阴雨天和夜间效果差； 2. 因无人机外形各异，难以有效识别	可作为辅助手段

序号	技术名称	优点/特点	缺点	备注
4	声音监测	1. 可利用无人机机翼抖动的特殊声音进行监测； 2. 监测距离约为 100～200 m	监测距离短，若背景噪声大，则效果下降严重	可作为辅助手段

【任务实施】

用表格对上述无人机探测技术进行特点分析和对比，并分析其适用的场景有哪些。成员互相进行交流查看，并上网搜索相关应用图片进行学习。

任务 2   了解无人机临场反制技术

【任务相关知识】

一、网式拦截

"软杀伤网式拦截技术"能够对低空慢速小型飞行器进行探测、预警、跟踪与拦截。发现恶意侵入的无人机之后，通过于地面或空中发射的一张特殊材质的网，将无人机网住并使其坠落。中国航天科工二院 206 所的天网"低慢小"目标拦截系统（简称"天网"），用网缠住无人机后，利用降落伞使被拦截目标平稳落地，从而避免对地面人员的财产和人身安全造成损害。

二、激光武器

激光武器具有杀伤率高、反应速度快、能短时间对付多个目标、单发成本低、毁伤效果好等一系列优点，是一种现实而高效的拦截无人机的武器。经过多年的发展，现已形成以化学激光器（主要是氟化氢和氧化碘）为辐射源的舰载、车载和机载型激光系统。美国波音公司反无人机激光武器由光纤激光器、升级版光束导向器、电池组、冷却装置 4 个部分组成，拆分后可由人员携行，具有较好的便携性，能够在 15 min 内组装完毕。该系统最高发射功率可达 10 kW，用于对半径 35 km 内的目标进行打击。国内也在激光反无人机领域有较深研究，多型激光武器也已经进行了反无人机试验，并已验证具有较好的打击能力。

三、微波武器

微波武器是一种具备软硬等多种杀伤效应的定向能武器，这种武器可利用高能量的电磁波辐射去攻击和毁伤目标。与激光武器相比，其波束宽得多，作用距离更远，受气候影响更小，并且只需大致指向目标，不必像激光武器那样精确跟踪、瞄准目标，便于火力控制，从而使敌方对抗措施变得更加困难和复杂。同时，微波武器还能破坏无人机的通信链路，使其机载探测设备及数据传输与处理受到影响，甚至失灵。

四、电磁干扰

干扰阻断类技术主要是通过信号干扰、声波干扰等技术来实现的。目前，市面无人机的控制多使用无线电干扰技术，通过向目标无人机发射大功率干扰信号，对无人机的 GPS 信号、通信链路进行干扰、压制、欺骗，使无人机丢失 GPS 信号、中断数据链接、自行降落或返航、诱骗无人机到指定位置降落。目前，干扰 GPS 信号和数据链路较容易，使无人机到指定位置降落则还有一定的技术难度。

便携式反制设备通常使用定向天线和内置电池，体积小、重量轻，便于单兵携带使用；固定式（阵地式）反制设备通常使用大功率全向或定向天线，一般用于在一定区域内部署无人机电子围栏，使区域外的无人机无法飞入，区域内的无人机无法起飞；云台式反制设备是将定向天线装在云台上，通常作为无人机侦打一体化系统的组成部分，可以根据系统侦测到的无人位置信息，自动向目标发射干扰电磁波进行反制。国内的电磁干扰技术产品走在国际前列，在各类展会上、大型活动安保上均能看到此类产品的身影。

五、声波干扰

声波干扰技术是利用声波使无人机陀螺仪发生共振来输出错误信息，从而使无人机空中姿态出现问题而导致其坠落的。研究发现，超过 140 dB 的声波即可以击落 40 m 外的无人机。韩国公开的利用声波干扰陀螺仪击落无人机的技术中，研究人员将小型商场扬声器安装到无人机上，距离陀螺仪 10 cm 左右，通过笔记本电脑无线控制扬声器发声，当发出与陀螺仪匹配的噪声时，正常飞行的无人机会忽然从空中坠落，以此证明了声波干扰原理的可行性。

六、GPS 诱骗技术

由于无人机接收 GPS 信号总是以信号最强的信号源为准，只要伪造一个强度大的 GPS 信号，就可以覆盖真正的卫星 GPS 信号，从而欺骗无人机的 GPS 接收模块。GPS 诱骗技术就是利用了这个原理向无人机的控制系统发送虚假的地理位置坐标，从而控制导航系统，诱导无人机飞向错误的地点。GPS 诱骗信号的产生方式有两种：一是 GPS 信号录制方式，是指诱骗设备接收到目标 GPS 信号后进行录制、存储、然后播放给目标无人机，使其定位错误；二是使用信号发生器模拟一组伪造的导航卫星标准电文和信号直接向目标无人机发射，使其定位错误。国内使用 GPS 诱骗技术并公开展示的产品主要是国防科技大学北斗研究院研制的 ADS2000 基站式无人机诱骗防御系统。

七、黑客技术

通过无人机内置的 Wi-Fi 网络和开放的远程端口，向无人机实时操作系统发起攻击。连接到目标无人机，获得其控制器的 root 权限，就可以对无人机进行操作。

尽管对无人机的打击手段较多，但很多手段会产生目标坠地的次生灾害，同时，无人机目标的打击是建立在探测发现基础之上的。发现目标后，还要有对于目标的持续跟踪能力，并配合打击武器一起进行打击。因此，完整的无人机处置系统，是集成多种探测发现方式，并能够进行打击的系统。目前，无人机的打击装备正处在发展阶段，还需要通过技术积累来使之更加有效。相关无人机反制技术如表 5-2-2 所示。

表 5-2-2　无人机反制技术对比

序号	技术名称	优点/特点	缺点	备注
1	电磁干扰	1. 非物理毁伤，不会造成坠落摔毁； 2. 使用方式灵活，便于部署，满足不同场所的需求； 3. 技术难度不高，价格适中	1. 大部分反制设备仅适用主流无人机。 2. 易受周围电子环境干扰	应用广泛
2	GPS 诱骗	可以对无人机航或降落点进行控制	伪造 GPS 信号会严重扰乱定位系统的准确度，对作用范围内的 GPS 导航设备产生干扰	特定场合
3	激光技术	对大部分无人机都有效果	1. 被烧毁的无人机坠落后会对地面的人员、设施等造成二次毁伤，不能在城市或人员密集区使用； 2. 对探测定位系统、供电系统要求高，技术实现难度大，造价高	军事领域

知识链接：无人机监管技术发展趋势

知识链接内容扫码观看

【任务实施】

小组成员分组查找无人机反制相关的案例和视频，进行课堂交流汇报。

上海特金公司产品案例

【课后习题】

1. 请简述无人机临场探测技术手段有哪些。

2. 请简述无人机临场反制技术手段有哪些。

3. 请简述无人机探测反制的应用场景有哪些。

学习情境六　无人机航路如何监管

教学目标

知识目标

1. 了解空中交通管理的概念及基本内容。
2. 了解空中交通管制服务、飞行情报服务、告警服务。
3. 了解空中交通流量管理的（AFTM）的概念。
4. 了解空域的基本概念、空域的划分方法及空域管理的基本内容。
5. 了解无人机航路的概念。
6. 了解通用机场与无人机机场。
7. 了解飞行服务站的相关知识。
8. 了解低空飞行服务保障体系。

能力目标

1. 能够阐述空中交通管理的概念及基本内容。
2. 能够区分出空中交通管制服务、飞行情报服务及告警服务。
3. 能够阐述空域管理的相关知识。
4. 能够梳理出我国低空空域开放的发展历程。
5. 能够对低空空域改革试点案例进行分析。
6. 能够理解无人机航路的概念及规划。
7. 能够理解通用机场与无人机机场的概念差异。

素质目标

1. 理解以人为本的思想。
2. 树立遵守法律的理念。
3. 培养学生系统思维创新能力及敢为人先的精神。

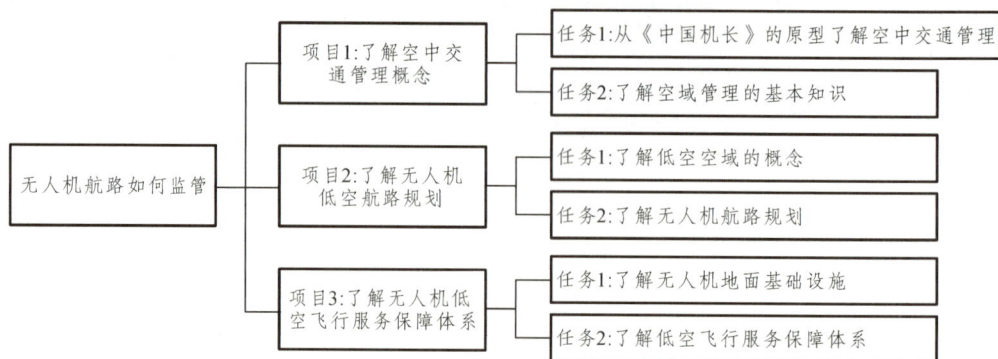

授课建议

授课课时

项目 1 建议 2 课时，项目 2 建议 2 课时，项目 3 建议 2 课时。

项目 1 了解空中交通管理概念

空中交通管理（Air Traffic Management，ATM）是着眼于民用航空整个航路网的空中交通，为了使之顺畅、安全及有效地运行，基本任务包括：使航空公司或经营人的航空器能够按照原来预定的起飞时间和到场时间飞行，在实施过程中，能以最少（小）程度的限制，不降低安全系数地有序运行，有效地维护和促进空中交通安全，维护空中交通秩序，保障空中交通畅通。

空中交通管理包括空中交通服务，空域管理和空中交通流量管理三大部分，如图6-1-1所示。

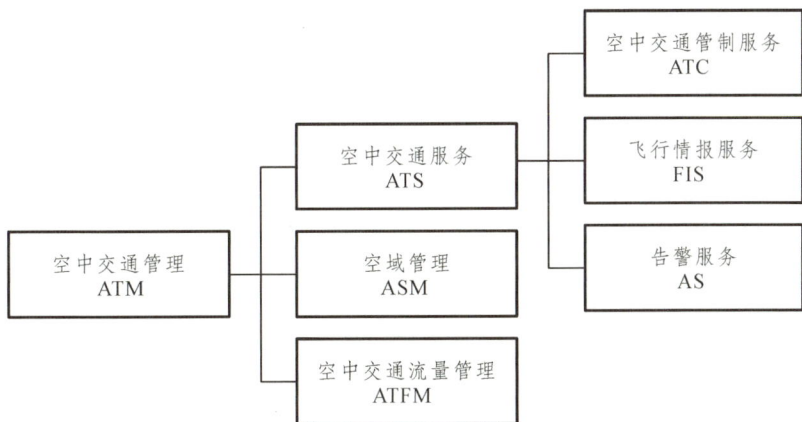

图 6-1-1 空中交通管理组成

任务 1 从《中国机长》的原型了解空中交通管理

【任务相关知识】

大家都知道《中国机长》源自真实事件改编，其原型为：2018年5月14日，四川航空公司 3U8633 航班在成都区域巡航阶段，驾驶舱右座前挡风玻璃破裂脱落，机组实施紧急下降。瞬间失压，一度将副驾驶吸出机外，所幸他系了安全带。在驾驶舱失压，气温迅速降到零下40多摄氏度（监测显示，当时飞机飞行高度为 32 000 英尺，气温应该为零下40度左右），仪器多数失灵的情况下，机长刘传健凭着过硬的飞行技术和良好的心理素质，在民航各保障单位密切配合下，机组正确处置，飞机于 2018 年 5 月 14 日 07：46 安全备降成都双流机场，所有乘客平安落地，有序下机并得到妥善安排。

我们都知道飞机飞行是一个系统工作，需要多方单位、多工种的配合才能保证飞机的正常飞行，光靠机组单方力量肯定是无法完成备降工作的。下面的内容就与《中国机长》中最重要的幕后工作者——空中交通服务有关。

空中交通服务（Air Traffic Service，ATS）是指由空中交通管制单位提供的，对航空器的空中交通活动进行的管理和控制，以达到有效维护和促进空中交通安全，确保空中交通顺畅的目的。

空中交通服务包括空中交通管制服务（ATC）、飞行情报服务（FIS）以及告警服务（AL）。

一、什么是空中交通管制服务

空中交通管制服务（Air Traffic Control，ATC）是空中交通管理的主要内容，指利用相应的技术手段和设备对航空器进行监视和管理，确保其飞行安全和飞行效率。

下面我们从飞机飞行的全过程来了解空中交通管制服务的全过程。

（1）取得放行许可。

（2）推出开车：得到放行许可后，飞机开始做起飞前准备，包括上客、装货、机务人员检查等。副驾驶在 FMS 里输入今日飞行的主要数据并请机长检查；乘务员对客舱、旅客餐食、机上供应品进行准备。大约在飞机起飞前 25 min，旅客登机，乘务员关闭舱门。机长确认所有准备工作完毕，机组要求推出许可，在得到塔台的许可同意后，飞机在 5 min 后启动发动机。

（3）地面开车：飞机从停机位推出开车后，开始向塔台地面管制申请滑行的放行许可，内容包括：使用的滑行道，将要滑行到达的跑道号等。

（4）进入跑道和起飞：当滑行到跑道外时，应该在跑道外标记的跑道等待位置等待，待得到进入跑道的许可后，方可进入跑道，严格禁止没有允许进入跑道。当飞机进入跑道并得到塔台管制员起飞许可后，要复诵起飞许可后才可以起飞离地。

（5）离场（进近）：飞机离地后，管制员会发给联系离场（进近）部门的换频许可，联系离场（进近）后，根据进近管制员发出的指令上升到规定高度，并按照进近管制员给予的离场程序飞行。

（6）巡航（区调）：当飞机由进近移交给区调，并被告知换频许可后，应立刻主动联系区调，并报告自己的高度、位置以及应答机编码，区调进行确认后发出新的指令，然后按照区调给予的指令进行巡航飞行。

（7）进场（进近）：在机场阶段应严格按照空管发出的指令进行操作，并复诵管制员指令，严守高度、速度等。如果机场配置了精密进近跑道，那么飞机在这个阶段会截获航行道信号，进近管制员开始将飞机交给塔台，飞行员应迅速、主动联系塔台，报告自己建立航道的跑道号。飞机到达决断高度时，如果能够目视跑道，就可以继续降落操作；如果机长不能目视跑道，就必须复飞。

（8）着陆：飞行员与塔台管制员建立联系后，按照塔台给出的指令要求进行着陆，飞机继续沿航道下滑进近，同时观察 PAPI 的指示，并随时注意无线电高度表指示的高度，最后机长把飞机拉平，以平行地面姿态下降（平飘），先是两个主轮平衡着地，打开反推，前轮仍然离地，以一定仰角滑跑一段距离以增加阻力，然后前推驾驶杆使前轮着地，飞机平稳降落在跑道上。

（9）飞机着陆：飞机接地后通过快速出口滑行道（或者出口滑行道），机组立刻向塔台报告自己的航班从跑道脱离了，然后塔台移交给地面管制，由地面管制通知停机位和滑行路线，复诵后机长驾驶飞机滑至指定机位即可。

总的来说，在机场范围，起落航线上（半径不超过 25 海里）为飞行提供的管制服务称为机场管制服务，由机场管制塔台（Tower， TWR）提供服务。这个区域主要使用目视飞行规则，管制的对象多半是目视可见的飞机。

将按仪表飞行规则在仪表气象条件起飞或降落的飞行所提供的服务称为进近管制服务，这种服务由进近管制室（Approach， APP）或终端控制中心（Terminal Control Center，TMC）来提供。

航空器进入航路，对航路（线）的空中交通管制服务由区域管制中心（Area Control Center， ACC）提供。

航空器整个的飞行过程由这三种单位来分别管制，这些管制单位之间的控制范围划分不是硬性的，在有利于空中交通的情况下，可以做一些灵活的调整。此外，在航班稠密的地方和稀疏的地方，这些机构的组成也不同。在繁忙的区域，由于任务繁重，一个管制中心内分为许多扇面，每个扇面都有专人控制，而在交通稀少的机场，一般不设进近管制室，进近管制服务可以由机场控制塔台或区域管制中心来提供。

二、什么是飞行情报服务

除了上述的空中交通管制服务，其实在飞机飞行过程中，还需要为飞机提供航行所需要的情报和资料的服务，即飞行情报服务（Flight Information Service，FIS）。

飞行情报服务的任务是向飞行中的航空器提供有助于安全和有效地实施飞行的建议和情报，是航行业务管理工作的重要组成部分。主要工作内容包括：

（1）收集、整理、审核民用航行情报原始资料和数据。

（2）编辑出版一体化航行情报资料和各种航图等。

（3）制定、审核机场使用细则。

（4）接收处理、审核发布航行通告。

（5）提供飞行前和飞行后航行情报服务以及空中交通管理工作所必需的航行资料与服务。

（6）负责航空地图、航行资料及数据产品的提供工作。

（7）组织实施航行情报人员的技术业务培训。

三、什么是告警服务

除了空中交通管制服务和飞行情报服务，还有一个我们不能忽视的服务——告警服务（Alerting Service， AS）。

告警服务的任务就是向有关组织发出需要搜寻援救航空器的通知，并根据需要协助该组织或协调该项工作的进行，须向以下航空器提供告警服务：

（1）向其提供空中交通管制服务的所有航空器。

（2）如实际可行，对已申报飞行计划的或空中交通服务得知的所有其他航空器。

（3）已知或相信已受到非法干扰的任何航空器。

【任务实施】

分组空中交通服务的进行要点归纳总结，以框架图的形式呈现，点出每种服务的具体内容，并指出在电影《中国机长》中负责该项服务的演员。

【评价标准】

（1）框架图内容呈现完整、丰富。

（2）要点阐述正确。

（3）图表整齐美观。

任务 2　了解空域管理的基本知识

【任务相关知识】

一、了解空域的基本概念

1. 空域的概念

空域（Airspace）可以定义为地球表面以上可供飞机以及火箭、气球、滑翔机、飞艇等航空器运行的三维空间资源。因此，空域是一国领土与领海上方的国家资源；空域以其所富含空气的载体功能而使人类脱离地球表面、延展活动空间成为可能；对空域的开发和利用，有利于促进国家经济社会的整体发展。

2. 空域的属性

空域属于自然资源，具有稀缺性、重复使用性和划设性等属性。

（1）空域是有限的可重复使用的自然资源。

与陆地和海洋一样，空域蕴藏着极大的经济价值和社会价值，是国家宝贵的自然资源。但不同于土地和海洋等自然资源的有限性和稀缺性，空域由于可重复使用而呈现为一种不会耗尽的有限资源。因此，空域是一种具有长期开发利用价值、合理开发使用可发挥巨大效益的自然资源。

（2）空域是经划设的领空。

根据国际民航公约规定，缔约国承认每个国家对其上空空域的完全和专属主权领土。各个国家有权对其空域进行划设。

3. 空域的用户

空域的用户包括公共运输航空、军事航空、通用航空，如表 6-1-1 所示。

表 6-1-1　不同空域用户的对比

空域用户	目的	范围	特点
公共运输航空	满足社会公众对航空运输的需要	定期航班、不定期航班	短期相对比较固定，长期跟随市场变化
军事航空	国家领空和重要设施目标安全	军事训练、演习和作战飞行活动	目标针对性强，区域机动飞行多，时限及灵活性高
通用航空	涵盖公共运输和军事航空以外的领域	通用作业飞行和通用航空飞行	机动灵活性高，服务要求低，区域性飞行多

二、了解空域划分方法

（一）国际民航组织空域划分方法

国际民航组织（ICAO）标准把空域分为 A、B、C、D、E、F、G 类。

A 类：只允许 IFR 飞行，所有飞行均受到空中交通管制服务的约束，且所有航空器之间配备间隔，实现地空双向通信。

B 类：允许 IFR 和 VFR 飞行，所有飞行均受到空中交通管制服务的约束，且所有航空器之间配备间隔，要求实现地空双向通信。

C 类：允许 IFR 和 VFR 飞行，所有飞行均受到空中交通管制服务的约束，在 IFR 飞行之间、IFR 和 VFR 飞行之间配备间隔。VFR 飞行只需与 IFR 飞行保持必要的间隔，并接收关于其他 VFR 飞行的交通情报，所有飞行要求实现地空双向通信。

D 类：允许 IFR 和 VFR 飞行，所有飞行均受到空中交通管制服务的约束，IFR 飞行与其他 IFR 飞行之间配备间隔，并接收关 VFR 飞行的交通情报。VFR 飞行接收关于所有其他飞行的交通情报，所有飞行要求实现地空双向通信。

E 类：允许 IFR 和 VFR 飞行，IFR 飞行受空中交通管制服务的约束，与其他 IFR 飞行之间配备飞行间隔，要求实现地空双向通信；VFR 飞行进入空域不需要 ATC 许可，不需实现地空双向通信。

F 类：允许 IFR 和 VFR 飞行，对 IFR 飞行提供交通咨询服务和飞行情报服务，VFR

飞行提供飞行情报服务。

G 类：允许 IFR 和 VFR 飞行，提供飞行情报服务，不需要间隔配备。

（二） 我国空域的基本划设

2023 年 12 月 21 日，中国民用航空局发布《关于发布〈国家空域基础分类方法〉的通知》（简称《通知》）。《通知》提到，为充分利用国家空域资源，规范空域划设和管理使用，中央空管委组织制定了《国家空域基础分类方法》。

依据航空器飞行规则和性能要求、空域环境、空管服务内容等要素，将空域划分为 A、B、C、D、E、G、W 等 7 类，其中，A、B、C、D、E 类为管制空域，G、W 类为非管制空域。具体如下。

1. A 类空域

（1）划设地域及范围：通常为标准气压高度 6 000 m（含）至标准气压高度 20 000 m（含）。

（2）服务内容：为所有飞行提供空中交通管制服务，并配备间隔。

（3）飞行要求：①通常仅允许仪表飞行；②航空器和空中交通管理部门之间必须保持持续双向无线电通信；③航空器必须安装二次雷达应答机（或同等性能的监视设备）；④飞行计划经过审批，航空器进入前须获得空中交通管理部门许可；⑤航空器驾驶员应具备仪表飞行能力及相应资质。

2. B 类空域

1）划设地域及范围

划设在民用运输机场上空。

（1）民用三跑道（含）以上机场，通常划设半径 20 km、40 km、60 km 的 3 环阶梯结构，高度分别为跑道道面—机场标高 900 m（含）、机场标高 900 m—机场标高 1 800 m（含）、机场标高 1 800 m—标准气压高度 6 000 m。

（2）民用双跑道机场，通常划设半径 15 km、30 km 的 2 环阶梯结构，高度分别为跑道道面—机场标高 600 m（含）、机场标高 600 m—机场标高 3 600 m（含），顶层最高至 A 类空域下限。

（3）民用单跑道机场，通常划设半径 12 km、跑道道面—机场标高 600 m（含）的单环结构。

2）服务内容

为所有飞行提供空中交通管制服务，并配备间隔。

3）飞行要求

① 允许仪表和目视飞行；

② 航空器和空中交通管理部门之间必须保持持续双向无线电通信；

③ 航空器必须安装二次雷达应答机（同等性能的监视设备）；

④ 飞行计划经过审批，航空器进入前须获得空中交通管理部门许可；

⑤ 航空器驾驶员应具备仪表或目视飞行能力及相应资质。

3. C 类空域

1）划设地域及范围

划设在建有塔台的通用航空机场上空，通常为半径 5 km、跑道道面—机场标高 600 m（含）的单环结构。

2）服务内容

为所有飞行提供空中交通管制服务。为仪表和仪表、仪表和目视飞行之间配备间隔；为目视和目视飞行之间提供交通信息，并根据要求提供交通避让建议。

3）飞行要求

① 允许仪表和目视飞行；

② 平均海平面高度 3 000 m 以下，目视飞行指示空速不大于 450 km/h；

③ 航空器和空中交通管理部门之间必须保持持续双向无线电通信；

④ 航空器必须安装二次雷达应答机或其他可被监视的设备；

⑤ 飞行计划经过审批，航空器进入前须获得空中交通管理部门许可；

⑥ 航空器驾驶员应具备仪表或目视飞行能力及相应资质。

4. D 或 E 类空域

1）划设地域及范围

① 标准气压高度高于 20 000 m 为 D 类空域；

② A、B、C、G 类空域以外，可根据运行需求和安全要求选择划设为 D 或 E 类空域。

2）服务内容

D 类空域：为所有飞行提供空中交通管制服务。为仪表和仪表飞行之间配备间隔，为仪表飞行提供关于目视飞行的交通信息，并根据要求提供交通避让建议；为目视飞行提供关于仪表和目视飞行的交通信息，并根据要求提供交通避让建议。

E 类空域：仅为仪表飞行提供空中交通管制服务。为仪表和仪表飞行之间配备间隔，为仪表飞行尽可能提供关于目视飞行的交通信息；为目视飞行尽可能提供关于仪表和目视飞行的交通信息。

3）共性飞行要求

① 允许仪表和目视飞行；

② 平均海平面高度 3 000 m 以下，指示空速不大于 450 km/h；

③ 航空器在平均海平面高度 3 000 m 以上飞行必须安装二次雷达应答机（同等性能的监视设备），平均海平面高度低于 3 000 m 安装其他可被监视的设备；

④ 必须报备飞行计划；

⑤ 航空器驾驶员应具备仪表或目视飞行能力及相应资质。

4）特殊飞行要求

D 类空域：仪表、目视飞行的航空器进入前均须获得空中交通管理部门许可，并保持持续双向无线电通信。

E 类空域：①仪表飞行的航空器进入前须获得空中交通管理部门许可，并保持持续双向无线电通信；②目视飞行的航空器不需要空中交通管理部门许可，但进入前必须报告，并在规定通信频率上保持守听。

5. G 类空域

1）划设地域及范围

① B、C 类空域以外真高 300 m 以下空域（W 类空域除外）；

② 平均海平面高度低于 6 000 m、对民航公共运输飞行无影响的空域。

2）服务内容

仅提供飞行信息服务，不提供空中交通管制服务。

3）飞行要求

① 允许仪表和目视飞行；

② 平均海平面高度 3 000 m 以下，指示空速不大于 450 km/h；

③ 仪表飞行的航空器和空中交通管理部门之间必须保持持续双向无线电通信，目视飞行在规定通信频率上保持守听；

④ 航空器必须安装或携带可被监视的设备；

⑤ 必须报备飞行计划；

⑥ 航空器驾驶员应具备仪表或目视飞行能力及相应资质。

6. W 类空域

1）划设地域及范围

G 类空域内真高 120 m 以下的部分空域。

2）飞行要求

① 微型、轻型、小型无人驾驶航空器飞行；

② 飞行过程中应当广播式自动发送识别信息；

③ 小型无人驾驶航空器操控员取得操控员执照。

【任务实施】

分组针对空域划分的知识点进行归纳总结，以思维导图的形式出现，并查找具体案例进行解释说明。

【评价标准】

（1）思维导图内容呈现完整、丰富。

（2）要点阐述正确，支撑案例合适。

（3）图表整齐美观。

【课后习题】

1. 空中交通管理由哪三部分组成？空中交通服务由哪三部分组成？

2. 空中交通服务中空中交通管制的主要任务是什么？

3. 飞行情报服务的主要工作内容是什么？

4. 简述我国空域的分类及范围。

5. 简述空域管理的基本内容。

6. 简述空中交通流量管理的分类。

项目 2　了解无人机低空航路规划

与日俱增的无人机应用飞行对空域需求日益突出，同时自由规划的航线带来国防保密、隐私保护、环境噪声等隐患，也给空域管制部门积极审批飞行计划带来困难。无人机应用迅猛发展时代对空域特别是低空空域资源精细化开发提出了迫切需求。本项目主要带同学们了解低空空域的概念以及四川、湖南等地的低空空域改革试点情况，同时理解无人机航路的概念及如何进行低空航路规划。

任务 1　了解低空空域的概念

【任务相关知识】

一、低空空域的划设

低空空域原则上是指真高（离地高度）1 000 m（含）以下空域，超低空空域一般是指真高 120 m（含）以下空域，主要用于视距飞行高度限制。山区和高原地区可根据实际需要，经批准后可适当调整高度范围。

根据《低空空域使用管理规定（试行）》规定，在对低空空域划设时，应统筹考虑国家安全、飞行需求、保障能力、机场布局、环境保护、地形特点等因素，科学划设管制空域、监视空域、报告空域的范围和目视飞行航线。

（1）管制空域：允许 VFR 飞行以及 IFR 飞行，使用前需进行飞行计划申请，空中交通管制部门需掌握飞机飞行动态，对空域内的所有飞机提供空中交通管制服务、飞行情报服务以及告警服务，管制部门与航空器能保持连续双向地空通信。

（2）监视空域：允许 VFR 飞行以及 IFR 飞行，航空用户报备飞行计划，空中交通管制部门监视飞行动态，提供飞行情报和告警服务，根据低空飞行用户请求和飞行安全需要提供空中交通管制服务，管制部门与航空器能保持连续双向地空通信。

（3）报告空域：允许 VFR 飞行，航空用户报备飞行计划，并向空中交通管制部门通告起飞和降落时刻，自行组织实施并对安全负责，空中交通管制部门根据用户需求，提供航行情报服务，组织飞行的单位或个人与航空器保持双向地空通信畅通。

管制空域和报告空域之外的空域划设为监视空域。

（4）目视飞行航线：按照监视空域或报告空域标准划设，在管制空域内划设目视飞行航线，必须明确进出通道。

在空中禁区、空中危险区国境地带、全国重点防空目标区和重点防空目标周围一定区域上空以及飞行密集地区、机场管制地带等区域，原则上不划设监视空域和报告空域。

二、低空空域使用及改革试点案例分析

（一）案例：四川低空空域改革

四川省地域辽阔，资源富集，是军工大省、农林大省、旅游大省，发展通航产业的潜力巨大、优势独特。通航产业要实现跨越式发展，低空空域的开放成为一个重要的先决条件。

2017年初，四川省抓住以军民融合为核心内容的全面创新改革机遇，发挥在通航发展方面的优势，积极争取成为低空空域管理改革试点。2017年12月，中央空管委批复四川省试点方案，同意在四川省境内开展低空空域协同管理试点，这是我国自改革开放以来空域管理体制创新的一次重大突破。经过一年多的时间，四川省低空空域改革试点工作效果初显，也进一步促进了四川省通航产业的发展。

1. 汇聚各方力量 成立全国首个低空空域协同管理运行中心

要大力发展通航产业，汇聚各方力量，实现协同发展是有效途径。2017年12月，四川省获得批准成为全国首个开展低空空域协同管理试点省份。根据中央空管委批复要求和四川省委、省政府工作安排，低空协同管理试点工作于2018年2月正式启动。很快全国首家省级低空空域协同管理机构——四川省低空空域协同管理委员会办公室组建成立，同时建立了全国首个低空空域协同管理运行中心。

2. 四点三片一通道，四川首批低空空域公布

低空空域协同管理运行中心坚持以满足通航用户需求为出发点，采用"点、线、面"结合的方式，注重优化低空空域结构，低空空域划设由以往的"远偏、小散、孤立"向"满足需求、连点成片、互联互通"转变。2018年年底，其在成都平原划定了"四点、三片、一通道"的首批试点空域（"四点"即洛带、都江堰安龙、崇州和彭山起降点，"三片"即都江堰—崇州、洛带、彭山试验片，"一通道"即洛带—彭山低空目视通道）。该空域为非管制空域，通航用户不需要申请，符合准入条件的均可使用。

"不积跬步，无以至千里"，首批协同管理试点空域面积虽小，但体现了低空空域划设的新理念，满足了通航用户"飞得出去""飞得顺畅"的迫切需求，为最大限度释放低空空域资源走出了一条新路。2018年12月24日，首批划出的"四点三片一通道"协同管理低空空域成功完成首飞，试点成效开始逐步显现。

3. 低空开放四川探索，四川第二批低空空域正式启动

自 2017 年 12 月国家确定四川省为首个低空空域协同管理试点省份以来，试点工作迎来了又一个标志性节点：2019 年 11 月 15 日，随着一声令下，一架载人的意大利火神固定翼飞机和一架"四川造"大型无人机于自贡凤鸣通用机场相继起飞。从观礼区前方上空通场飞过后，无人机返回降落，有人机则直接从自贡飞往成都洛带。这标志着四川省第二批低空协同管理试点空域正式启用。

相比去年划定的首批试点空域，第二批试点空域范围更广、通道更多、探索更深。

范围更广：去年，四川省低空空域协同管理试点划定成都平原"四点、三片、一通道"的首批试点空域，面积 2 100 余平方千米。第二批试点空域在对首批空域进行优化的同时，将自贡、北川、金堂通航机场空域纳入试点范围，面积扩大了 3 倍多，达 6 700 余平方千米。

通道更多：可自主飞行的低空目视通道由原来的 1 条增至 5 条，长度由原来的几十公里拓展至近 500 km。除成都至自贡外，还可实现成都与眉山、自贡、乐山、内江、资阳等城市的互联互通。每条通道的宽度也由原来的 3 km 拓宽至 5 km。

探索更深：第二批试点空域启用不仅在国内首次实现通航飞机跨城市间的目视自主飞行，连通了成都平原经济区和川南经济区，还首次实现有人机和无人机同场飞行，在无人机快速发展的当下具有推广复制意义。聚点成片，连线成环，也将为低空通航飞行的产业化应用带来更多可能。

4. 低空经济发展成效不断显现，四川第三批低空协同管理空域启动

2023 年 12 月 24 日，四川省第三批低空协同管理空域启用仪式在成都淮州机场举行。随着一架通航飞机从机场起飞，标志着四川省新增北川至金堂、广汉至金堂、洛带至都江堰 3 条千米以上高度的低空目视通道。至此，四川省目前已贯通环成都和川南、川北的低空飞行大网络，协同管理空域由 6 600 km^2 拓展到 7 800 km^2。

四川省自 2018 年开展低空空域协同管理试点以来，经过不断努力和探索，已全面形成目视自主飞行、低空飞行服务保障、通航飞行安全监管等低空协同管理新模式，有效实现低空资源高效配置及供给和需求的共同发展。记者了解到，5 年来，四川省先后有 317 家通航用户踊跃参与试点新机制运行，协同空域内飞行已超 62 万架次、18 万小时，教育培训、低空观光等传统通航飞行和无人机研发制造、无人机应用等新业态竞相拓展，有力支撑了成都彭州、自贡成为国家级民用无人驾驶航空试验区，促进了金堂、自贡、北川等通航产业园区招商引资项目落地，社会与经济效益明显。

（二）案例：湖南低空空域改革

2020 年 9 月，中央空管委办公室批复《湖南省低空空域管理改革试点拓展实施方案》，湖南获批全国首个全域低空空域管理改革试点拓展省份。

1. 构建形成支撑改革发展的法规政策体系

初步构建起"2+4+1+N"的地方性低空改革法规政策保障体系。即《湖南省通用航空条例（草案）》《湖南省民用无人驾驶航空器及其他升空物体管理暂行办法》2 部法规；《湖南省低空空域划设方案》《湖南省通航制造业"十四五"发展规划》《湖南省通用机场布局规划（2021—2035 年）》《湖南省低空飞行服务保障体系规划》4 个规划（方案）；《关于支持通用航空产业发展的若干政策》以及由省直部门或市州政府出台的多个其他支持政策。

2. 探索形成"天地人和"低空空域管理改革模式

搭"天网"，建设低空空域监管服务网，基本实现低空飞行"安全飞、全域飞"，让军民航放心；建"地网"，努力构建"1+13+N"全省通用机场网，实现低空飞行"遍地飞、随地飞"，让飞行安心；连"人网"，建设通航综合服务平台，实现低空飞行"便捷飞、放心飞"，让用户省心；强"协同"，建立军地民三方低空空域协同运行机制，实现低空飞行"顺畅飞、稳定飞"。通过"天地人和"模式，促进我省低空经济和通航产业加速发展。

3. 批准实施全国第一部省域低空空域划设方案和协同运行办法

《湖南省低空空域划设方案》是全国第一部省级空域划设方案，目前空军已批准，南部战区空军已批转各单位实施。依据方案，湖南省低空空域（3 000 m 以下）分类划设管制、监视、报告和灵活转换空域共 171 个，规划常态化低空目视飞行航线 97 条。湖南省人民政府会同南部战区空军参谋部、民航中南地区管理局、民航中南地区空管局印发了《湖南省低空空域协同运行办法》，系统完整地对低空空域的分类划设和使用、空管运行的协同机制进行了规范，为低空用户提供协同运行服务。

4. 建成全国首个可服务全省的 A 类飞行服务站

建成长沙飞行服务站并投入使用，同步建设了湖南省通航综合服务平台。协助民航中南地区管理局制订《湖南省低空目视飞行规则》。结合浏览器、小程序等多种类型的访问和管理终端，通航用户可随时随地申请实施飞行计划，初步实现通航飞行"一窗受理、一网通办、全域服务"。2021 年 11 月起已在长沙、娄底、益阳、株洲、湘潭、岳阳等地提供服务，下一步将逐步扩大至全省。

5. 集中申报、统筹推进通用机场建设

全省已建成 12 个通用机场，5 个通航基地在建或即将开工，6 个通用机场场址已获军方核准。我省通用机场集中申报和审查程序已获军队相关部门的支持。完成全省直升机起降点布局坐标初核，制订了重要机关直升机起降点建设方案，全省将建设 3 000 多个直升机起降点。

6. 打造产业合作平台，推动低空经济发展

2021 年全省共签约省级项目 84 个，投资总额 496.6 亿元，拟引进资金 401.2 亿元，其中 69 个项目已注册履约。组建通用航空产业投资基金，支持产业发展。通用航空全年累计飞行 25 072 h，同比增长 89.8%。培养各类通航飞行员 504 名。本着"高起点策划、高水平筹备、高标准办展"的理念，成功举办首届湖南（国际）通用航空产业博览会，3 天观展人次超过 20 万。

【任务实施】

每位同学针对低空空域管理改革进行案例查找与分析，要求指出该案例体现管制空域、报告空域、监视空域及目视飞行航线等信息。

【评价标准】

（1）案例内容完整、丰富。
（2）要点阐述正确。

任务 2　　了解无人机航路规划

【任务相关知识】

一、无人机低空航路的概念

与日俱增的无人机应用飞行对空域的需求日益突出，同时自由规划航线又会带来空中交通、国防保密、隐私保护、环境噪声等隐患，给空域管制部门积极审批飞行计划带来困难。无人机应用的迅猛发展对空域特别是低空空域资源精细化开发提出了迫切需求。基于精准地理信息、动态地理围栏、近地面气候条件，以及高速路网、移动公网等基础设施，快速、低成本规划和建设无人机低空公共路网是缓解矛盾、促进有序发展与应用的重要选项。

2019 年 5 月，中国民用航空局在《关于促进民用无人驾驶航空发展的指导意见》（征求意见稿）中，明确将无人机低空公共航路构建与运行纳入民用无人机重点建设任务和目标之一。提出将重点开展"低空无人机公共航线划设和运行"和《低空航路航线规划与构建技术》研究，统筹开展试点示范运行。

航路是由国家统一划定的具有一定宽度和高度的空中通道，属于特殊的走廊式保护空域。目前，航路按"东单西双"原则划分航路高度层，即向东飞的航空器使用单数高度层，向西飞的航空器使用双数高度层。航路配备全向信标台（VFR omni-directional range，VOR）、测距仪（Distance Measure Equipment，DME）等一系列助航设施，为沿途航空器提供通信、导航和监视等空中交通服务，以保障航空器的安全有效运行。

低空地理环境复杂多变，不仅有着起伏的地形地貌，动态变化的合法/非法建筑物以及电网、高塔、风车等人工建筑物，还有局地极端天气。同时，在低空运行的航空器会带来噪声，影响居民生活，并且机地通信也易受电磁环境和地形干扰等，这些都是不利于无人机飞行的因素。因此，在低空规划航路困难重重。

二、无人机低空航路的建设

（一）约束地理要素三维净空范围的科学确定。

地理围栏是一种通过划定净空范围来保障禁航区安全和规范无人机运行的技术手段。空域监管部门通过划定永久或临时净空范围来限制无人机活动。从已公布的地理围栏数据来看，当前净空范围远超无人机避障所需空间。当代无人机已经可以灵活快速躲避障碍物，而例如离电力线和塔杆 1 km 等净空范围的规定，虽能降低无人机碰撞风险，但也极大地降低了低空空域资源的利用率。因此，为了应对业务化运行时代低空空域资源的稀缺性问题，建议进一步科学论证约束地理要素的三维净空范围，尤其是一些关键的地理约束要素（如建筑物等）和重要的飞行条件（如噪声、隐私等），明确无人机与上述要素的安全间隔。

（二）基于低空公共航路的新型基础设施建设展望

在信息化、自动化和高性能计算机等新一代技术迅速发展的背景下，开展以低空公共航路为核心的通信、导航、监视（CNS）和航路气象服务等专用能力建设是未来面向低空业务化运行的新基建发展趋势，建议形成如图 6-2-1 所示的新基建体系。

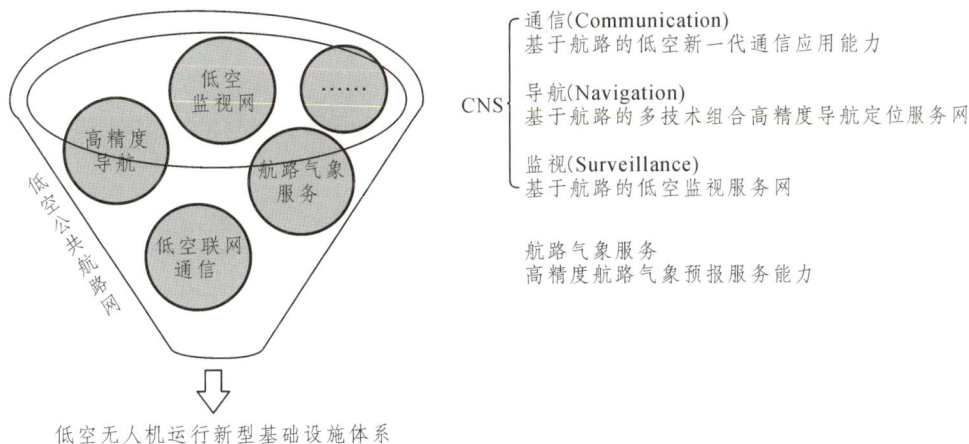

图 6-2-1　低空公共航路网示意图

（三）构建基于低空公共航路的无人机 CNS 能力

通信：当前地面移动通信基础设施布局无法有效覆盖 300 m 以上高度的无人机通信需

求，易出现信号中断等问题。构建基于低空公共航路的高速率、高带宽、低延时的专用通信环境将是一种低空通信能力提升手段。公共通信基础设施的开放以及专用通信能力的建设将支持高速移动遥感无人机大容量数传和大范围通信的跨基站无缝切换。建议基于现有地面移动通信基站布局，通过大规模天线阵列和波束赋形等新技术切换更窄的波束朝向低空运行无人机，据此优化调整航路沿途的通信基站天线朝向，实现空中信号增强覆盖；结合 5G 等新一代通信技术基站的波束覆盖特点完善现有基站的布局设计，保障低空通信的空间连续性，缩短多地面站之间的通信切换时间。

导航：针对复杂环境下导航定位漂移问题，建议通过使用基于图像的导航系统、协作导航或信号，以及额外的地面基础设施辅助，实现更高的定位精度。例如，GPS 和蜂窝移动通信网络的组合可将误差降低至厘米级。针对 GNSS 短时间内误差限宽问题，结合具备短时间内高精度位置优势的惯导系统，可以提高精度、可靠性和数据的更新效率，更好地服务于无人机导航定位需求。

在传统雷达不足以监视低空无人机运行的背景下，非合作无人机一直是导致"黑飞""乱飞"的主要原因。针对非合作无人机的低空监视，建设自主、高效的低空监视网应是未来发展方向。无论是合作对象还是非合作对象，都应具备被监管能力。但是针对全国范围内的低空全域监管，投资将非常大。因此，建议基于低空公共航路建设低空监视网。对于重点大范围区域，可以进行局部的全域监视网建设。同时，开发克服 ADS-B 限制的先进监视系统，更高的飞行自由度将需要更复杂的 CNS 技术支撑。基于航路的低空监视服务网建设将是低空产业链的"技术底座"和平稳运行的"能力保障"。

三、无人机航路规划一般方法

无人机航路规划是指在特定约束条件下，寻找从起始点到目标点并满足无人机性能指标的最优或可行的航路。其问题本质是多约束条件下，多目标函数求极值的优化问题。

航路规划方法一般采取以下几个步骤：

（1）给出航路规划的任务区域，确定地形信息以及威胁源分布的状况以及无人机的性能参数等限制条件。

（2）采用航路规划算法，按任务要求对目标进行分配及对无人机的航路进行规划，在限制条件下生成无人机的参考航路。

（3）对航路进行优化，满足无人机的最小转弯半径、飞行高度、飞行速度等约束条件，实现较小的雷达发现概率，形成可供无人机飞行的航路。在无人机飞行的过程中根据实际情况进行实时的航路重规划。

无人机多机协同航路规划是多架无人机协同作战任务规划系统中的关键技术。它是根据战场环境信息，综合考虑无人机导航精度和机动能力的限制，为无人机设计出既满足团队协同的要求，又使整体生存概率最大的飞行航路。在防空技术日益先进、防空体系日益完善的现代战争中，利用航路规划可以有效地提高无人机完成任务的成功率。

　　无人机航测是传统航空摄影测量手段的有力补充，具有机动灵活、高效快速、精细准确、作业成本低、适用范围广、生产周期短等特点，在小区域和飞行困难地区，其在高分辨率影像快速获取方面具有明显优势。

　　一般来说，无人机航测流程如下：

　　（1）区域确定（客户需提供航拍区域矩形四角 84 坐标）；

　　（2）现场勘察（飞行空域、起降场地、空中管制）；

　　（3）航线规划（飞行航线、作业高度、飞行架次）；

　　（4）任务载荷设定（数码影像、胶片、视频、监控）；

　　（5）签订合同（预付款、作业约定、验收标准）；

　　（6）执行飞行（飞行器运输、飞行作业、安全保障）；

　　（7）确认效果（成片数量、航摄范围、图像质量）；

　　（8）后期制作（纠偏、拼图、配准、剪辑、输出）。

　　其中，航线规划是制作高质量影像图的关键，是无人机航测外业中的重要内容之一。航线规划需要根据测区的地形地貌来进行设计，且必须保证足够的重叠率，因此，无人机航线规划需要综合考虑各方面因素，以保障飞行安全和满足影像后期处理需求。

　　无人机航迹规划是任务规划的核心内容，需要综合应用导航技术、地图信息技术以及远程感知技术，以获得全面详细的无人机飞行现状以及环境信息，结合无人机自身技术指标特点，按照一定的航迹规划方法，制定最优或次优路径。因此，航迹规划需要充分参考电子地图的选取、标绘、航线预定规划以及在线调整时机。

　　航线规划一般分为两步：首先是飞行前预规划，即根据既定任务，结合环境限制与飞行约束条件，从整体上制定最优参考路径；其次是飞行过程中的重规划，即根据飞行过程中遇到的突发情况，如地形、气象变化、未知限飞禁飞因素等，局部动态地调整飞行路径或改变动作任务。

　　常用的航线规划方案有两种，一种是"S"形航线，另一种是构架线。

【课后习题】

1. 请简述低空空域的概念及划设种类。
2. 请根据所学的知识，为自己所在地的低空空域改革提出建议。
3. 请简述低空航路的概念。
4. 请简述航路规划的方法。

项目 3　了解无人机低空飞行服务保障体系

低空飞行服务保障体系作为空中交通管理的重要组成部分，对保障低空空域管理改革试点的扎实推进，保障低空空域的高效运行具有重要的作用。本项目将从介绍无人机地面基础设施的角度入手，一步步去了解通用机场、无人机机场、无人机综合验证场。进而去了解低空飞行服务保障体系，包括低空飞行服务保障体系的布局、功能定位、建设要点等。

任务 1　了解无人机地面基础设施

【任务相关知识】

一、了解通用机场

和通用航空一样，世界各国对通用机场（general aviation airport）的界定并不一致，但大多数国家都将通用机场定位为公共基础设施，至少也将满足一定条件的通用机场归为公共基础设施范畴。我国《民用机场管理条例》（国务院令第 553 号公布）明确将通用机场定位为公共基础设施。通用机场的公共基础设施属性主要体现在其为应急救援、交通等方面发挥的基础性作用。通用机场不仅为航空医疗、执法、国家安全、边境防卫、应急响应、航空消防、赈灾、紧急转移等提供基础服务和保障，而且在偏远地区居民和货物通向外界等方面发挥着重要作用；不仅是工农业生产的重要因素投入，而且能为体育文化事业发展做出重要贡献（见表 6-3-1）。

表 6-3-1　通用机场保障服务领域

序号	保障项目	具体说明
1	应急救援	航空医疗飞行；执法/国家安全/边境安全；应急响应；空中消防支持；紧急转移；抢险救灾及搜救；关键的国家功能
2	交通	发展偏远地区交通；包机业务；定期的货物运输服务
3	特殊飞行任务	商务飞行；航空飞行教学；私人飞行；航空器制造与维修；航空器保存与停放；航空航天工程应用与研究

续表

序号	保障项目	具体说明
4	商业活动	农、林业喷洒农药；飞行勘测；石油勘探；公共设施及轨道监察；公务飞行服务；快递服务；外部装载
5	其他飞行业务	旅游观光；空轨/空船联运；热气球以及跳伞表演

案例链接 7：自贡凤鸣通用机场

案例链接内容扫码观看

二、了解无人机机场

无人机机场，或称无人机机库或无人机"机巢"，是行业场景的无人化应用载体，具备开箱即用、自主可控、稳定可靠、数据本地化、软硬件一体化、高环境适应性、多天气适应性等特点，可将无人机直接部署到作业现场，解决人工携带无人机通勤的问题，既能增强无人机应急作业能力，作业效率也得到大幅提升。由于工业无人机为户外作业，无人机机场为保证无人机的安置条件和为提供全方位保障，对安全性、可靠性、稳定性、智能性有着极高的要求。通过高度自动化操作，无人机机场不仅提升了任务的执行效率，还节省了时间与人力物力的成本，同时也保证了任务执行流程的标准化、统一性。

（一）了解无人机机场的功能

作为无人机运行系统的飞行平台，无人机机场不仅是为无人机提供了一个防护恶劣气候条件、防盗、防野外动物的保护场所，同时还能为无人机充电或更换电池，提供数据传输等。无人机机场的功能主要分为基本功能与必要功能（见图 6-3-1）。无人机机场具有解决储存功能，实现自动起飞、自动降落、自动正位、自动收纳等基本功能。不工作时，无人机待机在无人机机场内；工作时，无人机机场舱门打开，升降平台上升至顶部，无人机自动飞出后根据提前规划好的路线进行作业。任务完成

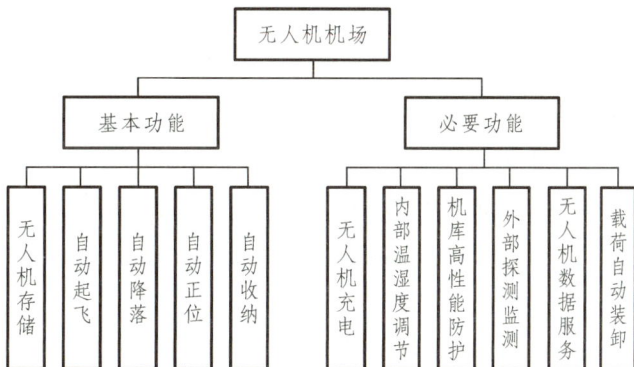

图 6-3-1　无人机机场的功能

后，无人机通过厘米级精度的定位与精密导航的位置校正，自主降落在无人机机场的区域中央，并自动归位在机库内，如利用超宽带技术的无人机精准回库。除基本功能外，还需要具备无人机充能、机库高性能防护、内部温湿度调节、外部探测监测、无人机数据服务

与载荷自动装卸等必要功能。

（二）了解无人机机场国内外发展现状

目前，世界各国正积极推动无人机发展，美国、德国、以色列、加拿大、日本等国家已开发研制了自动化的无人机机场，被广泛应用于通信设施巡查、物流配送、消防监测、应急搜救以及国防军事等用途。American Robotics 作为首批美国联邦航空管理局（FAA）首次批准的无人机机场企业之一，推出了 SCOUTBASE 无人机机场。日本电信服务提供商 KDDI 与韩国电信服务提供商 LGUplus，于 2020 年下半年宣布开始合作研制无人机机场及自动化无人机控制系统。加拿大 SkyX 研发了用于勘察的无人机 SkyOne 及无人机机场，作为 SkyOne 在进行输油或天然气输气管道检查时的远距离飞行接力点。德国运输公司 DHL 研制了无人机机场 Parcelcopter Skyport，并且在雷特温克尔的巴伐利亚社区进行了 3 个月无人机快递试验，将无人机机场功能与物流装卸集成一体。联邦包裹速递服务公司（UPS）推出了一种无人机移动式自动机场，提高了运输效率，且运送完包裹后，无人机可根据自动控制系统返航至自动机场中。以色列 Airobotics 获得了澳大利亚民航安全局（CASA）批准，允许其无人机机场在现场无人时进行远程操控，以用于应对各类场景的自动化作业。此外，还有美国 Matternet、Sunflower Labs，以色列 Sky Sapience、Airobotics、Arbe Robotics 等企业致力于无人机机场以及自动化控制系统的研究，包括航空巨头波音（Boeing）也涉足了该领域，并提出了一种倾向于消防、搜救以及军事用途的无人机机场专利。

我国无人机机场研发应用毫不逊色于欧美国家。我国无人机机场产品大致可以分为以下三类：

第一类是适配于自产无人机的无人机机场。为构建完善的无人机应用系统，我国部分无人机公司为自产的无人机研制适配的无人机机场，比如：北京云圣智能科技公司推出了虎穴固定式/移动式全自动机场与虎鲸工业无人机配套；蜂巢航宇科技公司的自动无人机机场系列产品兼容其旗下多旋翼、复合翼无人机；一飞智控公司提供"梧桐"自动化机场+"鸾凤"物流无人机的智慧物流配送体系；顺丰下属的丰鸟航空为顺丰货运无人机研发了顺丰无人机快递接驳机场，并创建"数字塔台"+"无人机"运行模式；京东联合深圳伟创公司为京东 JDY-800"京鸿"货运型固定翼无人机/"京蜓"自转旋翼支线物流无人机推出了全流程智慧无人机机场自动着陆台与无人机运营调度中心；杭州迅蚁公司为自产的迅蚁TR7S/RA3 多旋翼无人机构建了"医疗无人机+RH1 无人机枢纽站"的协同运行模式，以形成无人机医疗配送网络等。

第二类是适配于大疆系列无人机的无人机机场（见图 6-3-2）。国内若干创业公司围绕大疆系列行业级无人机，结合业务场景定制化研制了不同的无人机机场。例如：上海复亚智能的 MindCube 智方 S10/智方 A30/智方 V10 无人机机场、多翼创新科技的固定式自动机场与移动式胶囊机场、中科云图的智臻-G900 固定式\智臻-G600 固定式\智睿-S100 便携式\智拓 T50 无人机智能基站、中飞赛维的固定式多旋翼自动机场系统、优飞信息科技的优飞无人值守机场及昊舜视讯的 HVP-P4RTK 无人机智能机/HVP-M300 型无人机机场等都能适配不同类型的大疆无人机，主要应用于巡检、巡查、安防、测绘、环保督察、资源普查及应急指挥与救援等。

图 6-3-2　大疆机场

第三类是兼容主流无人机的无人机机场。少数科技企业如极臻智能、华录云涛研制的无人机机场能够适配于不同厂商的无人机。极臻智能的全自动化巡视的垂起固定翼智能无人值守机场适配主流垂起固定翼无人机，华录云涛的"云巢"无人机智能机场适配多机型无人机，兼容大疆 DJI Mavic 2Enterprise/ Phantom 4 RTK 无人机。

总体来看，我国众多厂商不同类型的无人机机场结合行业场景，以人工智能为核心构建一体化解决方案，采取"无人值守+全自动运营"作业模式，实现无人值守、自主充电、远程监控、无人数据处理、全自主飞行作业，安全性、可靠性、专业性的性能要求均达到行业应用场景要求，推动了我国加快构建智慧化的民用无人机产业体系。

（三）了解无人机机场的构成与类别

1. 无人机机场的构成

无人机机场（见图 6-3-3）一般是一个设计精致的长方体机库，主要包括三部分，即机库体、库内模块与库外设备。

机库体组成包含保护外壳、可自动开闭库门、无人机升降台以及无人机固定机械结构。库内模块包括有机场控制模块、充换电系统模块、库内环境监测与调节模块以及地面站模块。机场控制模块即为机库体各组件的控制中枢，保障无人机安全出库与回收。充换电系统模块分为不用更换电池的充电模块以及更换电池的换电模块两种。库内环境监测与调节模块主要考虑到在野外环境中保证机库内温度、湿度的适宜。地面站模块负责远程指挥端与无人机之间的数据传输任务，包含有指挥端与自动机场之间的 C2 数据传输模块、自动机场与无人机之间上下行数传和图传数据传输模块，以及作为无人机 RTK、PPK 技术中基准站的定位模块。

库外设备包括环境监测设备与光电监视设备。监测设备如气象仪，可监测自动机场周围环境变化，采集各项与无人机飞行性能相关的数据，为飞行安全提供数据参考。光电监视设备则能远程监控无人机与自动机场当前状态，增强情景意识，确保无人机机场良好运行。

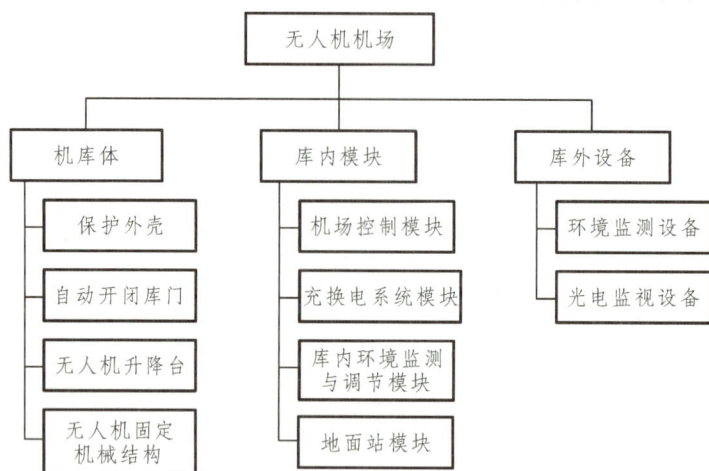

```
                        ┌─────────────┐
                        │  无人机机场  │
                        └──────┬──────┘
          ┌────────────────────┼────────────────────┐
    ┌──────────┐         ┌──────────┐          ┌──────────┐
    │  机库体   │         │  库内模块  │          │  库外设备  │
    └────┬─────┘         └────┬─────┘          └────┬─────┘
    ┌────┴──────┐       ┌──────┴────────┐      ┌─────┴────────┐
    │  保护外壳  │       │ 机场控制模块    │      │ 环境监测设备  │
    └───────────┘       └───────────────┘      └──────────────┘
    ┌───────────┐       ┌───────────────┐      ┌──────────────┐
    │ 自动开闭库门│       │ 充换电系统模块  │      │ 光电监视设备  │
    └───────────┘       └───────────────┘      └──────────────┘
    ┌───────────┐       ┌───────────────┐
    │ 无人机升降台│       │ 库内环境监测   │
    └───────────┘       │ 与调节模块      │
    ┌───────────┐       └───────────────┘
    │ 无人机固定 │       ┌───────────────┐
    │ 机械结构   │       │ 地面站模块      │
    └───────────┘       └───────────────┘
```

图 6-3-3　无人机机场的构成

2. 无人机机场的类型

在各厂商的无人机机场中，除了针对不同体积的无人机设计不同适用规格的自动机场外，从不同维度分为以下三种类别。

（1）固定式与车载式。

固定式无人机机场主要针对长期飞行任务的需求，这类产品在制作工艺上需要具备良好的三防性能，在使用过程中需要具备足够的可靠性以及完备的自检流程。面对相对高频的应用场景，在固定作业区域，多个自动机场协同运作，还可将多个机场作为接力点，实现覆盖范围更大的单次作业航程。

车载式无人机机场是将无人机机场集成于车辆顶部，较前者拥有更强的灵活性，可针对需求临时布局。由于不用长时间置于野外，其对设备的可靠性要求更低。另外，由于每次任务执行都需要人员跟随参与，部分操作可转交人工操作，还可作为机动性无人机指挥平台，提升突发应急事件现场处理的响应速度和作业效能。

（2）换电式与充电式。

换电式无人机机场原理即当无人机完成飞行任务返回至机场后，通过机械臂为无人机更换电池，以保证无人机在短暂停留后能继续运作。换电式原理看似简单，但在实际应用中对机械结构、机械轴运动路径、电池位置判断的精度都有很高要求。

充电式无人机机场则多是采用接触式充电和无线充电，前者通过配有的一对智能触点，与无人机上的接口直接接触充电，而后者则需装载有感应线圈，充电速度缓慢。充电式无人机机场由于需等待电池充满后才可继续执行飞行任务，相比于换电式无人机机场耗时更长，并且当前快充技术还不够成熟，存在无人机锂电池使用寿命与稳定性方面的问题，但是整体机械结构较换电式简单，可靠性更高。

（3）多旋翼、复合翼与垂直固定翼。

虽然当前国内外各个厂商的无人机机场（类型见图6-3-4）还是以多旋翼无人机为主，但是也有部分厂商针对不同构型的无人机做了适配，比如蜂巢航宇科技就推出了适用于复合翼的无人机机场。另外，极臻智能为适配主流垂起固定翼无人机，开发了固定翼智能无人值守机场。

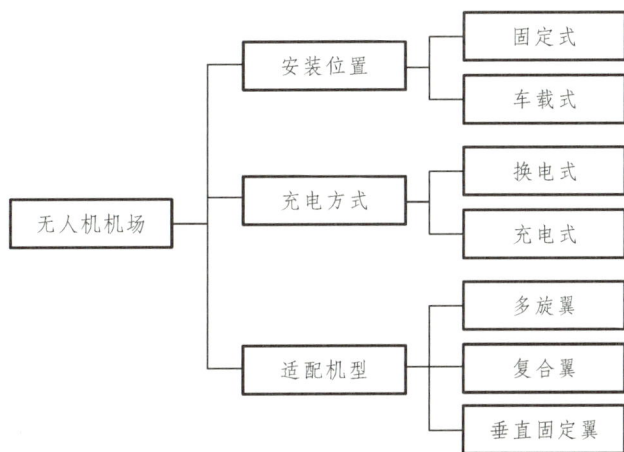

```
                      ┌─────────┬── 固定式
            ┌── 安装位置 ┤
            │         └── 车载式
            │
            │         ┌── 换电式
无人机机场 ──┼── 充电方式 ┤
            │         └── 充电式
            │
            │         ┌── 多旋翼
            └── 适配机型 ┼── 复合翼
                      └── 垂直固定翼
```

图 6-3-4　无人机机场的类型

三、了解无人机综合验证场

无人机综合验证场是广泛支撑各部门各类科学试验的基地。民用无人机综合验证场主要由遥感应用需求驱动建立，是无人机遥感应用定量化发展实验技术的重要基础支撑，通过提供具有代表性的自然地理环境和丰富的地物类型，布设满足航空飞行验证的各类型靶标，为航空遥感载荷综合验证提供综合验证场地条件，同时建立载荷评价指标体系。

目前的验证场主要针对轻小型无人机，通过搭载多种小型遥感传感器，进行地面和航空遥感综合实验，实现轻小型无人机遥感系统的标定、验证和系统评估。为保障实验顺利开展，除场地周边现有自然地物类型外，还需要根据要求在周边空置区临时布设地面靶标和部分地面试验设备，主要包括以下三个方面的内容。

（1）硬件设施建设。

无人机综合验证场的建设，包括硬件设施建设和软件设施建设两部分，其中硬件设施主要包括实验室、教学室、休息室、无人机库房等，主要用于存储无人飞行器和满足日常教学培训，各项硬件设施建筑面积按照需求确定。

（2）飞行活动区基础设施及空域。

飞行测试区域主要包括飞行跑道和空域，根据《无人机综合验证场一般要求》标准初稿，无人机综合验证场一般应具有沥青或水泥混凝土跑道。

（3）地面靶标和部分地面实验设备。

2018 年，中国科学院无人机应用与管控研究中心在科技部国家遥感中心组织国内专家研究基础上，组织专家组编写了《无人机综合验证场一般认定办法》。该办法明确规定了各级验证场相应的空域条件、起降场地、外场设施、通信设施、验证设备、办公场所、无人机机库及一定数量的专业人员等条件，按照无人机综合验证基地所具备软、硬件条件从高到低，分为 A、B、C 三类，不同级别和不同功能侧重的无人机综合验证基地依据需求制定相应标准，并从如下几方面进行评价及分类：空域及跑道、无人机组装调试区、无人机机库、无人机系统、办公用房、通信设施、场内飞行监管系统、空管协同通报系统、专业人员队伍、验证实验室、实践教学室、定标靶场、室外检校场等。

由科研项目支撑、地方政府支持和行业需求牵引，国内各地陆续规划建设或已建成的代表性无人机综合验证场包括：内蒙古巴彦淖尔的大型无人机遥感载荷验证场、贵州安顺无人机载荷验证场、河南安阳检校场、北京西峰山无人机综合验证场、天津宝坻无人机综合验证场、江西千烟洲站无人机综合验证场、四川王朗无人机综合验证场、新疆吐鲁番无人机综合验证场、内蒙古正镶白旗无人机综合验证场等。还有一些具有试飞功能的场地，主要包括：安阳北郊机场、龙华机场、南苑机场、八达岭机场、密云机场、北安河机场等 31 个验证场，以及地方政府和企业支撑构建的一些具备无人机综合验证功能的基地，如华东无人机基地、金林海口甲子通用机场、北方天途无人机研学基地、河北涿州无人机综合验证场等。

【任务实施】

每位同学根据所学内容，制作表格，内容为通用机场、无人机机场、无人机综合验证场的区别。

【评价标准】

（1）表格内容呈现完整、丰富。

（2）要点阐述正确

任务 2　了解低空飞行服务保障体系

【任务相关知识】

随着我国低空空域管理改革试点工作的推进和通航产业的蓬勃发展，通航飞行服务站建设得到了重视和发展。根据民航局近期下发的《低空飞行服务保障体系建设总体方案》，未来我国将建成由 1 个国家信息管理系统、7 个区域信息处理系统以及一批飞行服务站组成的低空飞行服务保障体系（见图 6-3-5）。

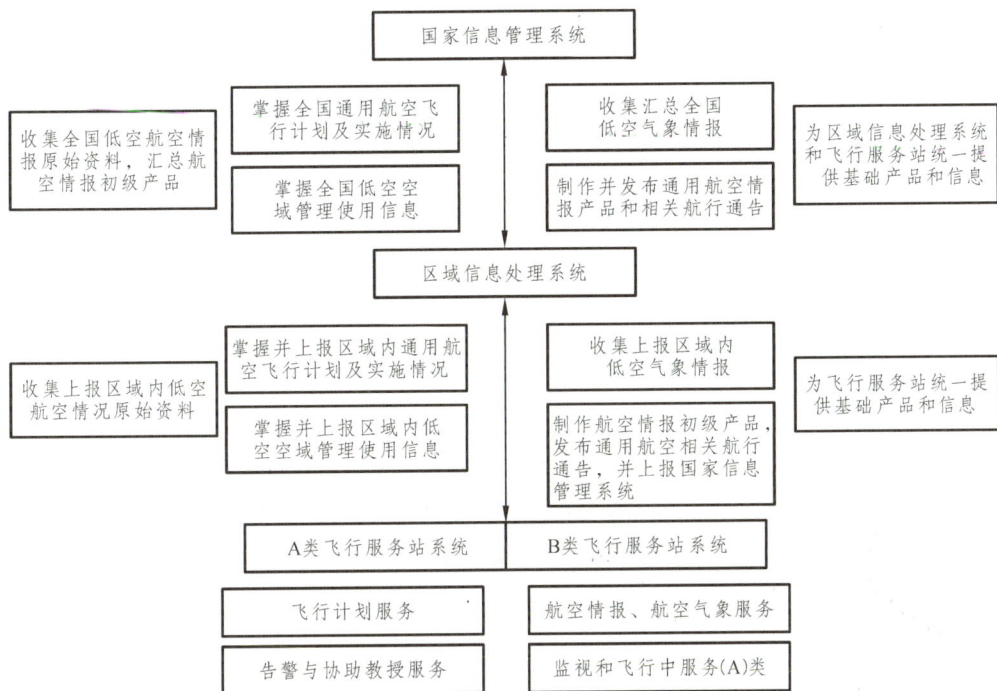

图 6-3-5　低空飞行服务保障体系

低空飞行服务系统（low altitude flight service system）是一种用来实施低空飞行服务所使用的自动化综合系统。低空飞行服务系统由国家信息管理系统、区域信息处理系统和飞行服务站系统组成。

国家信息管理系统是低空飞行服务系统架构中的第一级系统，主要功能定位为信息收集汇总与产品信息发布。区域信息处理系统是低空飞行服务系统架构中的第二级系统，主要功能定位为信息收集上报与产品信息提供。飞行服务站系统是低空飞行服务系统架构中的第三级系统，分为 A 类飞行服务站系统和 B 类飞行服务站系统，主要功能定位是为通用航空飞行活动提供服务与飞行计划及实施情况上报。

加快推进低空空域管理改革和低空飞行服务保障体系建设是当前的一项重点工作。低空空域划设和灵活使用，低空服务保障体系的试点运行，以及二、三级系统的联网工作都将为通用航空的发展提供坚实的基础。

一、低空飞行服务保障体系的布局和功能定位

1. 总体构成

全国低空飞行服务保障体系由 1 个国家信息管理系统、7 个区域信息处理系统以及一批飞行服务站组成。国家信息管理系统与区域信息处理系统之间、区域信息处理系统与飞

行服务站之间实现了低空飞行服务保障数据和产品的交换。

2. 国家信息管理系统功能定位

国家信息管理系统依托民航局空中交通管理局建设。其主要功能定位是：收集全国低空航空情报原始资料，汇总区域信息处理系统上报的航空情报初级产品，制作并发布通用航空情报产品和相关航行通告；收集汇总全国低空气象情报；掌握全国通用航空飞行计划及实施情况；掌握全国低空空域管理使用信息；集成各类服务信息，为区域信息处理系统和飞行服务站统一提供基础产品和信息。国家信息管理系统应逐步增强统一向全国提供飞行服务的能力，不断拓展服务渠道，推动服务产品和信息共享，便利通用航空飞行的实施。

3. 区域信息处理系统功能定位

区域信息处理系统依托民航地区空中交通管理局建设，鼓励有能力的社会力量参与区域信息处理系统的建设和运行工作。其功能定位是：收集处理区域内低空航空情报原始资料，制作航空情报初级产品，发布通用航空相关航行通告，并上报国家信息管理系统；收集上报区域内低空气象情报；向区域内各类飞行服务站提供航空情报、航空气象等信息；掌握并上报区域内通用航空飞行计划及实施情况，将本区域内飞行计划及实施情况分发至相关飞行服务站；掌握并上报区域内低空空域管理使用信息；协调飞行服务站，提供告警和协助救援服务；集成各类服务信息，为飞行服务站统一提供基础产品和信息。

4. 飞行服务站的分类及功能

鼓励地方政府和社会力量建设和运行飞行服务站，鼓励利用现有的空中交通服务资源。飞行服务站是低空飞行服务保障体系的重要节点，是服务低空空域用户的窗口和平台。飞行服务站既可以单独设立，也可以依托现行运输机场空管单位或通航机场设立，飞行服务站按照其服务范围和功能，分为 A 类飞行服务站和 B 类飞行服务站。B 类飞行服务站应当具备飞行计划处理、航空情报服务、航空气象服务、告警和协助救援服务等功能，向服务范围内的通用航空飞行活动提供服务，定期向区域信息处理系统提供飞行计划及实施情况相关的信息。A 类飞行服务站还应当具备监视和飞行中服务等功能。

5. 飞行服务站布局

每个省级行政区原则上设立 1~3 个 A 类飞行服务站，根据需要设立若干个 B 类飞行服务站。省（自治区、直辖市）人民政府协调军民航单位，统筹本行政区内低空空域划设及飞行计划管理需求，根据本行政区低空空域分类情况、通用机场布局规划以及通用航空发展实际，制定本行政区飞行服务站布局规划。飞行服务站应当明确其服务范围，根据运行需求确定具体功能模块，并配置相应的设施设备，在相关通用机场及通航活动区域部署信息收集、服务终端。

6. 通航用户接受飞行服务要求

通用航空用户实施低空飞行活动前，应当根据飞行任务和飞行路线，掌握相关空域准入和运行要求，掌握飞行服务站提供的服务和程序。通用航空用户原则上只向起飞所在地的飞行服务站报批或报备飞行计划，接受低空飞行服务。通用航空用户应当及时向飞行服务站报告起飞和落地信息，向飞行服务站报告空管设施服务状况。

二、低空飞行服务保障体系建设要点

1. 提升航空情报服务能力

建立低空航空情报服务体系，提升航空情报系统对低空飞行活动的服务和保障能力。民航局空管局要建立通用航空情报原始资料收集、整理、编辑及航空情报服务产品设计、制作、发布体系，为通航飞行活动提供基础资料。根据行业标准，研制目视航图，满足通航飞行活动需要。研究通用航空机场数据采集规范和特种航图编绘规范，研制《通用机场航空情报资料汇编》。研究航空障碍物收集方法，制定《电子地形及障碍物数据规范和产品规范》，逐步建立低空障碍物数据库。强化地区航空情报服务机构通用航空静态数据加工、处理的能力建设，通过整合飞行计划数据、航空情报数据和气象数据等信息，为通用航空用户提供全面综合信息服务。研制通用航空情报数字化产品，根据用户需要，提供航空情报定制服务。

2. 提高低空通信监视能力

集约使用频率资源，减少频率审批，将 122.050 MHz、129.750 MHz 设置为供飞行服务站使用的、全国统一的低空甚高频地空通信无线电频率，台（站）发射功率不大于 10 W。设台单位应当向台（站）所在地区管理局民航无线电管理机构进行备案。根据需要，民用航空无线电管理机构也可批准设台单位使用其他频率。推动以北斗数据为基础，融合北斗短报文（RDSS）、广播式自动相关监视（ADS-B）数据的低空监视信息平台建设，实现对通用航空器低空飞行的实时监视。民航局运行监控中心会同相关技术支持单位，深入挖掘低空监视数据在通航领域的多种应用，不断拓展低空监视能力，为低空空域管理与服务、国家安全监控体系和通用航空运行提供数据支持。低空监视信息应当引接至国家信息管理系统、区域信息处理系统和相关飞行服务站。

3. 提升低空航空气象服务能力

飞行服务保障体系各级单位、民用航空气象服务机构应当加强低空气象观测信息的共享与服务，加强通用机场气象信息的收集和交换；建立与地方气象资源的共享交换机制，不断丰富完善低空气象信息获取渠道；促进基于互联网的低空气象服务，丰富气象信息共享与服务大数据平台，强化平台的产品供应和服务能力，提高气象信息获取的便捷性、及时性，提高低空天气预报预警的水平；不断改进和优化现有气象情报产品和服务流程，提升低空气象情报发布的针对性、准确性和及时性。

4. 完善飞行计划管理

飞行服务站应当建立与服务范围内军民航管制部门、地方政府有关部门的工作联系，按照管理部门要求明确服务范围内各类低空空域的准入要求、飞行计划的报批报备要求，优化飞行计划管理流程。飞行活动涉及管制空域的，应当按现行规定报批飞行计划，飞行服务站可协助通航用户申请。由民航提供管制服务空域的飞行活动，由民航管制单位按现行规定进行批复。仅涉及监视空域和报告空域的飞行计划，通过飞行服务站向有关飞行计划管理部门报备后即可飞行。飞行计划可以通过电报、电传、网络以及专用系统等渠道提出。

5. 建立低空飞行服务法规标准体系

空管办要研究完善通航低空飞行服务保障相关规章规范性文件，制定低空飞行服务保障系统评估管理规定，协调有关部门逐步简化低空通航飞行管理及保障的要求。组织起草低空飞行服务系统相关行业标准，明确低空飞行服务系统技术要求和配置要求。制定低空飞行服务数据概念模型和交换模型，统一数据接口和传输标准，明确数据交换的内容和格式，确保飞行服务保障体系各运行单位间信息能有效地相互传递。

三、了解飞行服务站

FSS 英文全称为 Flight service station，其含义就是飞行服务站。在各类民用及通用航空活动中担负着重要的功能和作用。飞行服务站一般为通用航空提供广泛的飞行服务，包括提供气象服务、飞行计划服务、飞行支援和其他需要的帮助。通用航空的经营者通常可以通过计算机网络的方式，向飞行服务站申报备案飞行计划。私人飞行可到飞行服务站当面申报备案，或以电话、空中传递、空地对讲等方式申请飞行计划。

通用航空飞行服务站（见图 6-3-6）向通用航空用户提供阶段性服务，包括：飞行前服务，飞行中服务和飞行后服务。

（1）飞行前服务：包括飞行前讲解和飞行计划的申报。飞行前讲解提供气象信息、航空情报信息和对飞行计划的建议。飞行前讲解分为标准讲解、简化讲解和展望讲解。飞行服务站可以根据通用航空用户的需求提供适当的讲解类型和内容。通用飞行服务站应当及时受理通用航空用户申报的飞行计划并进行备案。

（2）飞行中服务：包括飞行中讲解和飞行情报服务，飞行中设备故障报告，飞行活动数据记录，飞行员气象报告，告警和救援服务，飞行计划实施报告。

（3）飞行后服务：包括飞行员报告，飞行活动统计和飞行计划完成报告。飞行员报告包括飞行后通用导航设施报告和飞行后气象报告。飞行后通用导航设施报告是通用航空用户飞行后对通用导航设施工作状态的报告；飞行后气象报告是通用航空用户提供航线、活动区域内相关天气的报告。飞行服务站应根据飞行计划的执行情况进行飞行活动的统计，接收航空器落地报告，确定相应飞行计划完成。

图 6-3-6　低空飞行服务站

　　通用航空飞行服务站是国家实施低空空域管理改革试点建设的重要配套工程项目，可为通用航空活动提供重要的飞行保障服务。我国已出台《飞行服务站系统建设和管理规定》，该规定中明确了飞行服务站系统的职能、构架、建设和管理原则等。飞行服务站由民航负责指导和规范航空服务站的建设和管理，纳入民航空管行业管理体系。

　　通用航空飞行服务站的适用和服务范围限定在报告空域和部分监视空域内。提供气象服务、飞行情报服务、飞行计划的报备，必要时，向通用航空的区域（地区）、分区（终端区）空管部门通告起飞和降落时刻。通用航空的区域（地区）、分区（终端区）负责对监视空域和部分报告空域提供包括监视服务、告警服务在内的更多服务。低空飞行用户自行组织飞行，并对安全负责。

　　通用飞行服务站基本服务功能包括：飞行计划服务、航空情报服务、航空气象服务、飞行情报服务、告警和救援服务。飞行计划服务包括：飞行计划的申报服务、飞行计划的变更服务、飞行计划实施报告处理、飞行计划完成报告处理、飞行计划存储等功能；提供航空情报服务应当收集、上传本飞行服务站服务范围内的原始航空情报数据，并向通用航空用户提供所需航空资料汇编、航图、航行通告、飞行前和飞行后航空情报等服务。此外，飞行服务站应具备接收天气报告、提供飞行前和飞行中气象服务、接收飞行员气象报告的功能，并提供本飞行服务站服务范围内的机场或者起降点的气象观测信息。通用飞行服务站应当提供飞行情报传输服务、空中交通咨询服务和机场情报咨询服务。通用飞行服务站应当提供告警和救援服务。

四、了解我国首个低空飞行服务站

　　2012 年 11 月，仅用两个月时间，全国首个通用航空服务站便在珠海建成并正式揭牌。服务站成立之初，旨在满足珠海地区通航单位转场训练飞行和进入阳江监视、报告空域飞行需要。为珠海开展通用航空飞行活动提供飞行计划、航空情报、气象情报、飞行情报、告警和协助救援等诸多服务，保障珠海经阳江至罗定机场低空训练航线的安全运行，满足各企事业单位的低空空域飞行需求。同时，也将进一步完善珠海低空空域运行管理和服务保障体系，促进空域资源的合理开发利用，为我国建设低空空域管理服务体系、实施低空空域管理改革积累宝贵的试点经验。

主要工作内容如下：

（1）地方对飞行服务站的支持情况。

珠海服务站由珠海市政府投资建设，珠海市航空产业园管委会具体实施和主导，委托珠海机场集团公司负责建设运营。珠海服务站的所有筹备及试运行工作一直是在珠海市金湾区政府和珠海市航空产业园管委会的指导下进行的，费用则由珠海市航空产业园管委会拨付。

（2）主要业务范围和服务对象（农林飞行、公务飞行、水上飞行、飞行培训、旅游观光等）。

国务院、中央军委《关于深化我国低空空域管理改革的意见》规定，服务站要对通航飞行提供气象服务、飞行计划服务、航行情报服务、告警服务、飞行支援、应急救援等服务，目前只有飞行计划申报服务得以实现。向珠海服务站申报飞行计划的通常为企业，飞行任务为飞行训练。

（3）航务人员配置情况（专业管制、情报、气象人员）及航务保障能力。

当前，法律法规对服务站从业人员资质没有明确规定。珠海服务站 10 名工作人员都参加过由空管委统一部署、中航协通航委员会组织实施的首批通航飞行服务站人员培训，但没有专业管制、情报和气象人员。

根据珠海服务站与中国民用航空珠海空中交通管理站签订的技术支持协议，珠海空管站对服务站提供工作任务、人员、技术等航务保障方面的支持。

（4）航务设备配置情况（地空通信设备、情报信息系统、气象信息系统、飞行计划系统、动态监视系统等）。

作为试点站，珠海服务站参照中央空管委办公室正在实施的"两区一岛"低空空域对空监视和地空通信设施试点建设总体方案、制定的标准和规范进行建设。服务站设备由四川九洲电器集团有限责任公司提供和建设，航务设备主要包括地空通信设备、情报信息系统、气象信息系统、飞行计划系统和 ADS-B 动态监视系统。2013 年 11 月 15 日，由珠海机场集团公司牵头完成了服务站系统设备及消防验收，但系统未进行民航行业验收。

另外，结合珠海服务站地处珠海机场管制区域内的实际情况，珠海服务站展开了与中国民用航空珠海空中交通管理站的技术支持合作，引进了民航气象和情报信息，获取技术、人员支持。

（5）飞行服务站需要空管系统的业务支持。

结合珠海服务站地处珠海机场管制区域内的实际情况，服务站的运行需要空管系统的业务支持。

① 人员支持：当前，服务站缺乏相关专业人才，需要空管系统的支持、帮助和指导。希望空管系统定期组织服务站业务人员进行空管专业理论知识、空管技术等培训，安排空管岗位见习，以满足局方通航服务站人员上岗资质要求。

② 信息接入：服务站目前未能完全完成运行所必需的监视、语音、气象、情报、计划申报等信息接入，缺乏信息来源，服务站只是一个孤岛，服务站的五大功能无法实现。希望空管系统按照民用航空空管业务规范为服务站引接通航企业实施飞行计划所需的完整的民航空管信息。

③ 全方位的运作支持：作为一项新生事物，通航服务站摸索成长的过程期待空管系统全方位的扶持和帮助。希望空管系统参与到服务站的运作中，定期组织管理人员和空管技术专家为珠海服务站提供运行管理和空管技术支持。该服务站成立至今引进了大量先进的设备，与珠海空管站签订了框架协议，珠海空管站向服务站引进了 CNMS 终端和气象信息查询终端，均只供服务站查询操作。服务站还引进了 ATSB 动态监控设备，对通航实时动态进行监控。2013 年 5 月，经珠海通用航空服务站申请，获批珠海—阳江—罗定地方航线，供珠海通用航空飞行。目前珠海空管站仍主要承担了通航飞行计划的受理工作，飞行服务站仍未主要承担起具体的通航服务工作，但在未来发展规划中，意在由珠海通用航空飞行服务站收集整个珠海地区的所有通航飞行的飞行计划，并进行汇总，统一向空军申报，完成整个飞行计划的受理。但是，没有民航的情报、气象的支持，单是通航机场或者通航公司单个力量是无法解决根本问题的，这就需要空管部门牵头和全力参与，建立一个有实际用途的通用航空飞行服务站。

五、知识拓展

知识拓展内容扫码观看

【任务实施】

分组针对我国低空飞行服务保障体系进行案例的收集与总结，并完成相应的解释说明，分组进行汇报解说。

【评价标准】

（1）案例内容呈现完整、丰富。

（2）要点阐述正确。

（3）PPT 制作精美，汇报语言表达流畅。

【课后习题】

1. 描述通用机场、无人机机场及无人机综合验证场的区别。

2. 无人机机场的分类和功能是什么？

3. 描述低空飞行服务保障体系的建设要点。

4. 什么是低空飞行服务站？

5. 描述低空气象的特点。

6. 什么是目视飞行航图？

参考文献

[1] 宋建堂. 无人机法律法规与安全飞行[M]. 北京：机械工业出版社，2019.

[2] 邱剑雄，袁宇培，严月浩，龚丽萍. 成都无人机产业现状调研及产业定位思考[J]. 成都工业学院学报，2018(2)：90-94.

[3] 廖小罕，许浩. 无人机运行监管技术发展与应用[M]. 北京：科学出版社，2020.

[4] 田振才，张建平. 民用无人机运行管理体系设计及实践探索[M]. 北京：中国民航出版社.

[5] 孙明权. 无人机飞行安全及法律法规[M]. 西安：西北工业大学出版社，2021.

[6] 杨岭. 我国民用无人机产业发展现状及未来趋势展望[J]. 中国安防，2022(12)：15-18.

[7] 黄庆桥，王培丞，田锋. 翱翔：中国大飞机在崛起[M]. 上海：上海交通大学出版社，2023.

[8] 赵越让. 适航理念与原则[M]. 上海：上海交通大学出版社，2013.

[9] 殷时军，冯振宇，王大蕴. 适航审定能力提升[M]. 北京：中国民航出版社，2018.

[10] 李健. 历程[M]. 北京：中国民航出版社，2020.

[11] 陈伟宁，欧阳亮，周森浩. 大国之翼：C919 大型客机研制团队采访报告[M]. 上海：上海科学技术出版社，2018.

[12] 李国平. 适航：保障飞行安全的关键[J]. 大飞机，2022(08)：18-21.

[13] 刘韶滨. 隐形的翅膀——C919 飞机适航审查工作纪实[J]. 大飞机，2022(10)：12-20.

[14] 覃睿，赵巍飞，黄燕晓. 现代通用航空基础与实务[M]. 北京：科学出版社，2014.

[15] 雷晓锋. 通用航空概论[M]. 北京：北京航空航天大学出版社，2022.

[16] 张洪，但诗芸. 无人机自动机场综述与展望[J]. 国际航空，2022(003)：000.

[17] 孙锐，季托，丁轶. 空中交通流量管理系统综述[J]. 电子质量，2020(05)：59-62.

[18] 覃睿，李卫民，靳军号，等. 基于资源观的低空及低空经济[J]. 中国民航大学学报，2011，29(04)：56-60.